高等院校"十三五"应用型艺术设计教育系列规划教材

UI 界面设计

主 编 赵 文 龚桂沅

副主编 胡 波 廖国良 甘 忆

参 编 丁 翔

合肥工业大学出版社

图书在版编目（CIP）数据

UI界面设计/赵文，龚桂沅主编. —合肥：合肥工业大学出版社，2017.7
ISBN 978-7-5650-3452-7

Ⅰ.①U… Ⅱ.①赵…②龚… Ⅲ.①人机界面—程序—设计 Ⅳ.①TP311.1

中国版本图书馆CIP数据核字（2017）第164538号

UI 界 面 设 计

赵 文 龚桂沅 主编 　　　　　责任编辑 石金桃

出　版	合肥工业大学出版社	版　次	2017年7月第1版
地　址	合肥市屯溪路193号	印　次	2017年7月第1次印刷
邮　编	230009	开　本	889毫米×1194毫米 1/16
电　话	艺术编辑部：0551-62903120	印　张	12.75
	市场营销部：0551-62903198	字　数	330千字
网　址	www.hfutpress.com.cn	印　刷	安徽联众印刷有限公司
E-mail	hfutpress@163.com	发　行	全国新华书店

ISBN 978-7-5650-3452-7 　　　　　定价：58.00元

如果有影响阅读的印装质量问题，请与出版社市场营销部联系调换。

前言

　　UI本指用户与产品的关系，但随着计算机产品的出现与应用，人们为了解决人与机器间互动交流的问题而赋予UI新的定义，即用户界面（User Interface）。UI（用户界面）包括硬件界面和软件界面，而UI设计主要指对软件的人机交互、操作逻辑、界面美观的整体设计，其中主要包括用户研究、交互设计、界面设计三个部分。

　　UI界面设计并不是单纯意义上的界面美工设计，还包括用户研究、创意构思、构架设计与测试、模型构建、界面图形设计等多个阶段的反复工作过程。一个成功的UI界面设计是在满足用户需求和期望的基础上，拥有好的可用性、功能性，以及美感的综合体。因此，UI界面设计师在进行界面美观设计的同时，还需要考虑到有效的视觉传达过程，始终以实现用户需求与期望为核心，以将UI界面设计的美感与功能进行最大化有机结合为目标。产品的UI界面设计就如同其造型设计一样重要，它在很大程度上决定了产品在市场上是否受欢迎。

　　一款再大牌的智能设备，如果其UI界面设计看起来并不美观舒适且操作过于繁杂，那么其价值也是难以实现的。UI界面设计作为人与机器交流的主要途径，其重要性不言而喻。

　　随着计算机与互联网科技的不断进步，智能设备应用的全面发展，虚拟现实（VR）与增强现实(AR)以及"智能制造"等新兴技术的兴起，我国对UI专业设计人才的需求量必将进一步提高。据相关调查资料统计显示，2016年我国UI设计专业人才市场需求缺口有15万之多，未来10年内将保持平稳上升的趋势。

当前社会，随着科技的不断进步，人们生活质量的不断提高，社会大众对美的视觉诉求越来越强，审美意识（能力）也越来越强。社会大众对于UI设计的审美与信息传达的功能性要求也将不断提高。放眼于未来，UI设计的前景是非常好的，但想在此道路上走得更远更好则需要我们进行专业、系统的理论学习与大量的实例制作训练。

面对如此庞大的专业人才需求缺口与社会大众日益提高的审美能力，应用型高等本科院校有义务也有责任为社会培养并输出一批专业的UI设计人才。本教材依托湖北商贸学院艺术与传媒学院的教学平台，希望通过系统的、完善的UI界面设计人才培养，为社会输出一批艺术素养较高的应用型UI设计专业人才。

本书侧重于UI设计过程中的界面设计部分，同时又注意衔接其他分工的工作。本书主要分为5个章节，第一章与第二章主要系统介绍了UI设计的基本知识与相关技法；后面两个章节则从不同的案例出发，分析讲解UI界面设计的创意过程、设计方法，根据案例进行实际制作；最后一章为中外优秀UI界面设计案例分享。本书注重教材的适用性、科学性、系统性、与时俱进性。编写理念有：（1）突出实践性，培养学生的实际动手能力；（2）全面化与系统化，本书从基础知识的讲述出发，逐步提升难度，全面且系统地对不同应用领域的UI设计进行案例剖析，制作案例讲解。

书中的案例制作环节主要使用了Photoshop CC专业图形图像制作软件。专业软件作为实现目标的一种工具，重在掌握其制作原理与使用方法，而更重要的是对UI界面设计相关理论知识、设计思路、制作方法的理解，以及能融会贯通学以致用。

由于编者学识与编书经验尚浅，书中难免会有疏漏与不足之处，还望大家谅解并指正。

编　者

2017年7月

第一章 UI界面设计基础知识

第一节 何为UI界面设计

一、UI设计

1. UI设计的概念

UI最初指用户与产品之间的关系，但随着计算机产品的出现与应用，人们为了解决人与机器间互动交流的问题而赋予UI新的定义，即用户界面，简称UI（User Interface）。

UI（用户界面）包括硬件界面和软件界面，而UI设计主要指对软件的人机交互、操作逻辑、界面美观的整体设计，其中主要包括用户研究、交互设计、界面设计三个部分。好的UI设计不仅是让软件变得美观有吸引力，还要让软件的操作变得简单易用。现今在数字媒体网络下的诸多智能设备、计算机、手机、网络平台应用等产品，要发挥其本身的价值就必须通过研究、设计UI来获得这些产品的卓越功能及应用。（图1-1、图1-2）

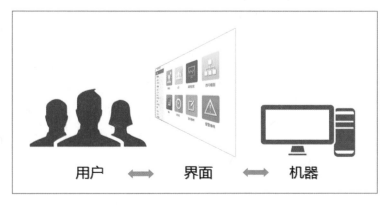

图1-1 用户界面关系示意图　　　　　　　　　　图1-2 苹果手机及主题界面

　　随着科技与互联网的发展，或许在不久的将来所有的智能设备都能通过网络相互关联并控制，根据人类生活或工作需要控制着所有智能产品和工作资料。用户只需要拥有自己的一个账号，就可以实现通过一个设备来控制所有其他设备，而这个设备中面对用户的软件操作界面就是我们所说的UI界面设计。UI界面设计（也有称之为GUI，人机交互图形化用户界面设计）主要负责产品显示屏的视觉体验和互动操作部分。GUI的应用领域有：手机、PC端产品、移动端智能产品、智能家电、游戏产品、VR产品、AR产品、网络平台应用软件等。（图1-3）

图1-3　乐视电视及软件界面

　　一款漂亮的界面设计不仅能给使用者带来舒适美观的视觉体验，同时拉近了人与手机或平板电脑等智能设备的距离，也为产品本身创造了重要卖点。成功的界面设计是在满足用户需求与期望的基础上，并拥有好的可用性、功能性以及美感的综合体。所以，好的UI界面设计应以用户需求和期望为核心，而不是一味遵循程序员的逻辑或设计师追求的炫酷效果。通常，我们不愿意去了解一款汽车的发动机，也不愿意阅读复杂的操作手册，面对复杂的仪表盘更觉得晕头转向。同样，当我们面对一款全新的界面时，我们更想迫切尝试产品的功能与交互体验，这就意味着，界面的美感与功能必须结合起来。

　　界面设计不单指对界面的美观设计，还需要设计师定位用户群体、使用环境、使用方式以及相关载体并为最终用户而设计。就如触屏设备UI界面设计比传统UI界面设计更重视信息传达的精确度与有效度，因为小屏幕无法承载大量信息量的时候，信息的优先级和视觉引导便成了设计重点。UI界面设计具体包括软件启动界面设计、软件框架设计、按钮设计、图标设计、主面板设计、滚动条设计、安装过程设计、包装及商品化设计、交互动效设计等。

　　界面设计是UI设计过程中的一项工作，它涉及设计团队、目标用户，以及项目客户的复杂过程，包括了用户研究、创意构思、构架测试、模型构建、再次测试等多个阶段的反复过程，最终目标就是为用户创造良好的交互体验。专业的UI界面设计师首先应是一名优秀的平面设计师，作为团队一员，不但要相信自身的美学素养，而且还应具有广博的知识，以便与团队其他成员进行"创意"碰撞与交流，这种碰撞与交流的工作一般在设计展开之前的构思阶段进行。

　　2. UI相关术语

　　在学习UI界面设计前我们先来了解与UI设计相关的专业名词，这对接下来的学习有很重要的作用。

UI（User Interface）：用户界面。

GUI（Graphics User Interface）：图形用户界面。

HUI（Handset User Interface）：手持设备用户界面。

WUI（Web User Interface）：网页风格用户界面。

IxD（Interaction Design）：交互设计。

CHI（Computer–Human Interaction）：人机交互。

IA（information Architect）：信息架构。

UE 或 UX（User Experience）：用户体验。

UED（User–Experience Design）：用户体验设计。

UCD（User–Centered Design）：以用户为中心的设计。

PM（Product Manager）：产品经理。

（Visual Design）：视觉设计。

IxD（Interaction Design）：交互设计或互动设计。

IxD 通常指设计软件与用户使用时的互动方式，通过了解用户需求、目标分析、使用习惯、使用环境，并通过有效的互动方式让整个行为过程可用，同时需要使操作简单易用。

UE 或 UX（User Experience）：用户体验。

用户体验主要是来自于用户和软件界面互动的过程。它是指用户使用一个产品时获得的全部体验，通常包括情感体验与视觉体验两方面。

IA（Information Architect）：信息架构。

信息架构就是合理组织信息的展现形式，通常是指对某一特定内容里的信息进行统筹、规划、设计、安排等一系列有机处理的想法。信息架构的主要任务是为信息与用户认知之间搭建一座畅通的桥梁，是信息直观表达的载体。通俗来说，信息架构也就是研究信息的表达和传递。

PM（Product Manager）：产品经理。

PM 就是研发团队中专门负责产品管理的职位，产品经理负责调查并根据用户的需求，确定开发何种产品，选择何种技术、商业模式等，推动并组织相应产品的开发。他还要根据产品的生命周期，协调研发、营销、运营等，确定和组织实施相应的产品策略，以及其他一系列相关的产品管理活动。UI设计团队中的 PM 还会参与 UI 产品设计中期阶段的工作。

Visual Design：视觉设计。

视觉设计是以"视觉"作为沟通和表现的方式，通过多种方式创造出结合符号、图形、文字的视觉对象，借此来传达想法或信息的视觉表现。UI 设计师通常会负责 UI 设计的交互设计和视觉设计，有一些较大的公司则会把这两项工作分给不同的人来完成，如交互设计师、视觉设计师或 UI 界面设计师。

二、UI 设计流程

当前 UI 设计已涵盖了不同应用平台的多种类型，虽有所区别，但它们的基本设计流程是相同的。UI 设计主要包括用户研究、交互设计、界面设计三个部分。基于这三个部分，UI 设计的流程通常涉及整个专业研发团队中不同岗位的分工与协作，UI 设计团队一般由产品设计与技术开发两方面的岗位组成。产品设计人员包括产品经理、交互设计师、UI界面设计师；技术开发人员包括前端、服务端、数据端、测试等方面的工程师。

自 UI 设计项目立项之始，整个研发团队成员就开始参与各个阶段的工作，我们通常可以分为三个主要阶段，即前期调研阶段、中期设计制作与测试阶段、后期发布与产品维护阶段，各个阶段又有不同的工作，主要包括需求分析阶段、用户调研工作、可用性分析、产品定位、概念设计、功能流程设计、交互设计、信息构架和原型设计、可用性测试、交互 DEMO、用户测试与反馈、切割编码、详细设计、产品输出、产品发布与后期维护等。UI 设计流程示意图如图 1-4 所示。

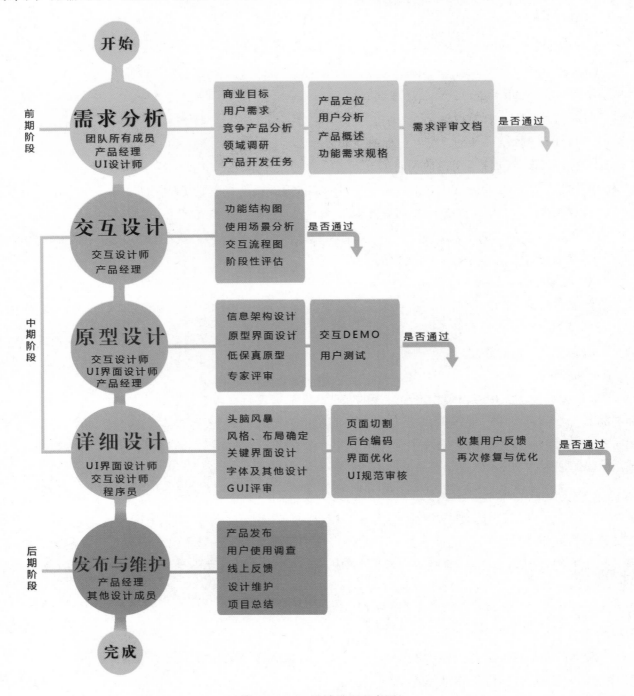

图 1-4　UI 设计流程示意图

三、UI界面设计的步骤、准则与规范

1. UI界面设计的步骤

UI界面设计是整个UI设计流程中的一项分工，它需要与研发团队其他成员一同参与整个UI项目的制作流程，并配合其他的工作朝同一个目标努力。通常在小型UI设计公司中，UI设计师一般会负责产品的交互设计和视觉设计两方面的工作。当然也有一些大型公司有更为具体的分工，比如有：产品经理、交互设计师、用户体验设计师、视觉设计师、程序研发工程师等。

这里主要针对UI设计中的界面设计部分，来给大家介绍一下UI界面设计的步骤。通常，UI界面设计师从项目开始便参与其中，其具体的工作从UI原型设计阶段开始，主要工作在UI设计中的详细设计阶段。下面让我们来看一下UI界面设计工作的具体步骤。（图1-5）

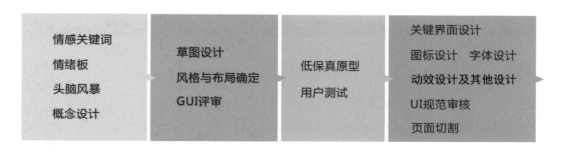

图1-5　UI界面设计的步骤

UI界面设计属于视觉设计的范畴，但并不等同于我们常说的平面设计或者美工设计。我们在进行UI界面设计的时候往往需要考虑美观和交互体验两方面的因素。如图1-5所示，UI界面设计的步骤一般可分为三个阶段，第一阶段在UI的需求分析时期，UI界面设计师需要配合团队其他成员一起完成对商业目标、用户需求、用户分析、产品定位等工作，之后由UI界面设计师或者小组成员一起来进行UI界面设计第一阶段的工作。

（1）确定情感关键词

所谓情感关键词，是指UI产品视觉层面所要表达的情感感受。例如，UI产品的目标是什么？针对的用户群体？用户在使用产品时会产生怎样的情感体验？基于这些问题，便可以通过讨论来确定产品的情感关键词，是阳光的、年轻的、温暖的，还是可爱的、好玩的等。（图1-6）

图1-6　产品情感关键词

（2）情绪板

情绪板是指在确定情感关键词之后，找出能够直接反映情感关键词的图像集合。情绪板的作用在于使产品的情感关键词更加直观，它能使我们第一眼看到图像后就能直接感受到相应的情感。情绪板中包含的色彩、符号等元素对我们后续的视觉设计有着非常重要的作用。（图1-7）

（3）头脑风暴与概念设计

有了情感关键词和确定后的情绪板，UI界面设计师心中自然已经有很多方案了，头脑风暴与概念设计是指用头脑风暴的方法来做概念设计，概念设计的关键在于想法和创意而不是细节。当概念设计方案通过评审后，便可进入到下一个环节的草图设计工作。

图 1-7　情绪板示意图

UI 界面设计第二个环节的工作主要在 UI 设计项目中的原型设计阶段。首先根据上一环节的概念设计来进行相关的草图设计，其中就包括整体风格、布局设计、色彩的搭配、字体、图标设计等，完成后进行 GUI 评审。通过后再进行低保真原型制作，制作出交互 DEMO，然后进行用户测试，再根据用户测试结果来完善设计方案。在这个环节重在将概念设计用具体的图形、文字等元素通过布局设计呈现出来，在完成用户测试后，若有相应问题，进行优化后便进入到下一个阶段的设计工作：详细设计。

在详细设计阶段，UI 界面设计师则需要按照具体的设计规格以及低保真原型来细化所有的设计。（图 1-8、图 1-9）

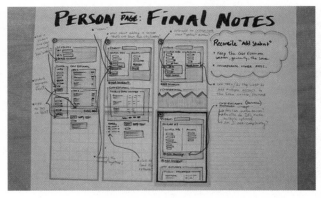

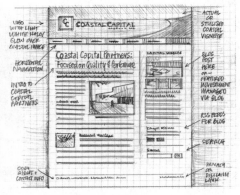

图 1-8　界面概念设计图　　　　　　　图 1-9　GUI 概念设计方案图

2. UI界面设计的准则

图 1-10 中列出了两大最著名的用户界面设计准则，展示了它们包含的规则类型和相互间的比较。比如，两者的第一条规则都提倡设计的一致性，它们也都包含预防错误的规则。Nielsent - Molich 的"帮助用户识别、诊断错误，并从错误中恢复"规则接近于 Shneiderman - Plaisant 的"允许容易的操

作反转"规则，而"用户的控制与自由"则对应"让用户觉得他们在掌控"。这些准则因设计者的追求不同而看起来有所差异，实际上，它们之间是很相似的。因为所有的设计准则都是基于人类心理学：人们如何感知、学习、推理、记忆，以及把意图转换为行动。因此，好的 UI 设计师是需要具备一定心理学相关知识的。

Shneiderman(1987); Shneiderman&Plaisant(2009)	Nielsen&Molich(1990)
◆ 力争一致性	◆ 一致性和标准
◆ 提供全面的可用性	◆ 系统状态的可见性
◆ 提供信息充足的反馈	◆ 系统与真实世界的匹配
◆ 设计任务流程以完成任务	◆ 用户的控制与自由
◆ 预防错误	◆ 预防错误
◆ 允许容易的操作反转	◆ 识别而不是回忆
◆ 让用户觉得他们在掌控	◆ 使用灵活高效
◆ 尽可能减轻短期记忆的负担	◆ 具有美感的和极简主义的设计
	◆ 帮助用户识别、诊断错误，并从错误中恢复
	◆ 提供在线文档和帮助

图 1-10　两大最著名的用户界面设计准则

　　UI 界面设计最基本的设计原则是以用户为中心，在 UI 界面设计中要充分体现出"以人为本""用户友好"的基本要求，使软件易学，操作简单易懂。根据上图两大著名用户界面设计准则并结合当前我国 UI 界面设计实际情况，本书总结归纳出以下几条关于 UI 界面设计的准则。

　　（1）界面设计始终建立在实现功能的基础之上

　　UI 界面设计并不是单纯的界面美化设计，它还需要考虑人与界面的交互关系、软件的功能性。在进行 UI 界面设计时应该以实现功能为前提，找到一种最合适的表现形式去实现产品的功能和交互设计，同时兼顾软件界面的视觉审美。（图 1-11）

图 1-11　PC 端应用软件界面设计，实现功能的前提下兼顾界面的视觉审美

　　（2）一致性原则

　　UI 界面设计的一致性原则非常重要。它包括控件的标准化、操作逻辑的一致性、界面布局与元素的一致性、文字说明一致性等。界面布局要一致，所有窗口按钮的位置和对齐方式要保持一致。界面

外观要一致，如控件大小、颜色、背景和显示信息等属性要一致。（图1-12）

（3）可用性原则

可用性主要发生在用户与产品的互动行为中，UI界面设计的可用性原则，简单来说，就是指在特定环境下，产品为特定用户用于特定目的时所具有的有效性、效率和主观满意度。有效性是用户完成特定任务和达成特定目标时所具有的正确和完整程度；效率是指用户完成任务的正确值以及完成程度与所用资源（如时间）之间的比率；主观满意度是用户在使用产品过程中所感受到的主观满意和接受程度。

（4）美学与最少设计原则

界面应该符合美学观点，能在有效的范围内吸引用户的注意力。例如：长宽接近黄金点比例，切忌长宽比例失调或宽度超过长度；布局要合理，不宜过于密集，也不能过于空旷，合理利用空间；按钮的大小要与界面的大小和空间协调。最少设计简言之是指对话框不能包含与功能实现无关或者几乎不需要的信息。对话框的每一个附加信息都会和相关信息竞争并减少它们的相对可视性，不利于用户的阅读与信息的传递。（图1-13至图1-15）

（5）考虑用户的使用习惯

特别对于移动端的界面设计，需要UI设计师考虑更多的用户使用习惯问题，例如用户是单手操作还是双手操作，左手还是右手，操作时使用哪个手指更为方便。考虑用户的使用习惯有助于避开设计中手指触控的盲区。

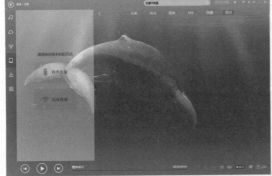
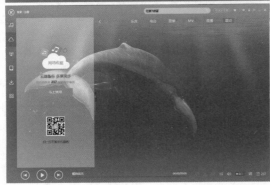

图1-12　酷狗音乐播放器界面设计的一致性

图1-13　简洁美观网页设计1

图1-14　简洁美观网页设计2

图 1-15　简洁美观网页设计 3

（6）尽量减少产品层级与深度

不管是基于哪种平台的 UI 设计，我们都应该尽量减少产品的层级与深度。特别是在移动端的设备上，过多的层级结构会使用户失去耐心而放弃使用产品。

（7）提供明确的导航设计

对其进行设计时应确保提供返回上一级的操作，避免操作流程中断，给用户操作带来不好的体验。当我们浏览至网页最后端时，点击如图 1-16、图 1-17 所示的按钮（红色方框内），可以快速返回首页。

图 1-16　花瓣网返回操作设计 1

图 1-17　花瓣网返回操作设计 2

3. 规范

UI 界面设计的规范对于整个研发团队的工作来说是非常重要的。它适合 UI 界面设计师、用户体验设计师、交互设计师、前端开发技术人员、程序员等职位，它可以统一识别，使同一类型设计部件具有统一性，防止混乱，甚至出现严重错误，避免用户在操作时理解困难。

这里主要指界面设计中的视觉规范，让我们从以下几个方面来了解一下。

（1）界面设计的总体规范。不同的应用平台，界面设计总体规范也因此不同。界面整体尺寸标准通常根据软件运行硬件平台来定。当前典型应用平台有 Windows 系统的计算机界面及相关应用软件、IOS 系统与 Android 系统的手机及平板电脑主题界面及 APP 应用软件、其他智能设备应用 APP、大型触摸屏设备等。（图 1-18 至图 1-24）

（2）图片规范。确定典型模块的图片尺寸与样式。

（3）文本规范。确定典型页面不同区域的字体属性（字体、字号、颜色、样式）。

（4）间距与边距规范。确定内容元素之间的间距以及内容元素与页面四周的边距。

（5）按钮规范。确定典型功能按钮的尺寸、样式和按钮内图标、文字的大小和位置。

（6）其他规范。根据 UI 产品的功能实现需求，确定其他可能会出现的视觉元素的规范，例如弹窗、侧边栏、动态效果的尺寸与样式等。

iPhone界面尺寸：

设备	分辨率	状态栏高度	导航栏高度	标签栏(工具栏)高度
iPhone6 plus设计版	1242 × 2208	60px	132px	146px
iOS APP设计一稿支持iPhone5/iPhone6/Plus设计流程				
iPhone6 plus物理版	1080 × 1920	54px	132px	146px
iOS APP设计一稿支持iPhone5/iPhone6/Plus设计流程				
iPhone6	750 × 1334	40px	88px	98px(88px)
iPhone5s	640 × 1136	40px	88px	98px(88px)
iPhone5c	640 × 1136	40px	88px	98px(88px)
iPhone5	640 × 1136	40px	88px	98px(88px)
iPhone4s	640 × 960	40px	88px	98px(88px)
iPhone4	640 × 960	40px	88px	98px(88px)

图 1-18　iPhone 界面尺寸规范

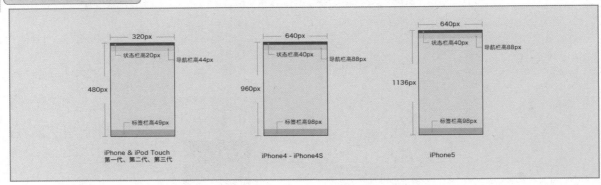

图 1-19　iPhone 界面尺寸图示

iPhone图标尺寸：

系统	分辨率	圆角大小
iOS 6	90px – 1024px	约为图标宽度 × 0.175
iOS 7+	90px – 1024px	约为图标宽度 × 0.225

Asset	iPhone 6 Plus (@3x)	iPhone 6 and iPhone 5 (@2x)	iPhone 4s (@2x)	iPad and iPad mini (@2x)	iPad 2 and iPad mini (@1x)
App icon (required for all apps)	180 × 180	120 × 120	120 × 120	152 × 152	76 × 76
App icon for the App Store (required for all apps)	1024 × 1024	1024 × 1024	1024 × 1024	1024 × 1024	1024 × 1024
Launch file or image (required for all apps)	Use a launch file (see Launch Images)	For iPhone 6, use a launch file (see Launch Images) For iPhone 5, 640 × 1136	640 × 960	1536 × 2048 (portrait) 2048 × 1536 (landscape)	768 × 1024 (portrait) 1024 × 768 (landscape)
Spotlight search results icon (recommended)	120 × 120	80 × 80	80 × 80	80 × 80	40 × 40
Settings icon (recommended)	87 × 87	58 × 58	58 × 58	58 × 58	29 × 29
Toolbar and navigation bar icon (optional)	About 66 × 66	About 44 × 44	About 44 × 44	About 44 × 44	About 22 × 22
Tab bar icon (optional)	About 75 × 75 (maximum: 144 × 96)	About 50 × 50 (maximum: 96 × 64)	About 50 × 50 (maximum: 96 × 64)	About 50 × 50 (maximum: 96 × 64)	About 25 × 25 (maximum: 48 × 32)
Default Newsstand cover icon for the App Store (required for Newsstand apps)	At least 1024 pixels on the longest edge	At least 1024 pixels on the longest edge	At least 1024 pixels on the longest edge	At least 1024 pixels on the longest edge	At least 512 pixels on the longest edge
Web clip icon (recommended for web apps and websites)	180 × 180	120 × 120	120 × 120	152 × 152	76 × 76

图 1－20　iPhone 图标尺寸规范

iPhone图标尺寸图示

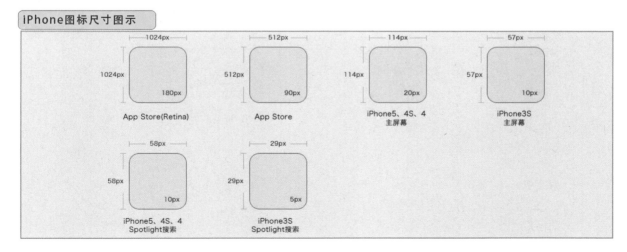

图 1－21　iPhone 图标尺寸图示

iPad界面尺寸：

设备	分辨率	状态栏高度	导航栏高度	标签栏高度
iPad6/iPad Air2	2048 × 1536	40px	88px	98px
iPad5/iPad Air/ipad mini 2	2048 × 1536	40px	88px	98px
iPad4/ipad mini	2048 × 1536	40px	88px	98px
iPad3/the new iPad	2048 × 1536	40px	88px	98px
iPad2	1024 × 768	20px	44px	49px
iPad1	1024 × 768	20px	44px	49px
iPad Mini	1024 × 768	20px	44px	49px

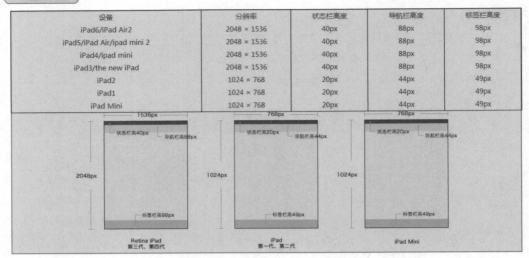

图1-22　ipad 界面尺寸规范

iPad图标尺寸图示

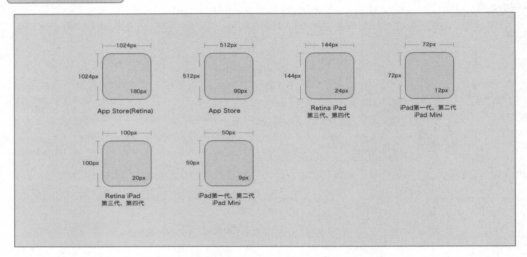

图1-23　iPad 图标尺寸图示

主流Android手机分辨率和尺寸

设备	分辨率	尺寸	设备	分辨率	尺寸
三星Galaxy S3	4.8英寸	720 × 1280	三星Galaxy S4	5英寸	1080 × 1920
三星Galaxy S5	5.1英寸	1080 × 1920	三星Galaxy S6	4.5英寸	1200 × 1920
小米1	4英寸	480 × 854	小米1s	4英寸	480 × 854
小米2	4.3英寸	720 × 1280	小米2s	4.3英寸	720 × 1280
小米3	5英寸	1080 × 1920	小米3s(概念)	5英寸	1080 × 1920
小米4	5英寸	1080 × 1920	红米	4.7英寸	720 × 1280
红米Note	5.5英寸	720 × 1280			
OPPO Find 7	5.5英寸	1440 × 2560	OPPO Find 7 轻装版	5.5英寸	1080 × 1920
OPPO N1 mini	5英寸	720 × 1280	OPPO R3	5英寸	720 × 1280
OPPO R1S	5英寸	720 × 1280			
锤子 Smartisan T1	4.95英寸	1080 × 1920			
华为 Ascend P7	5英寸	1080 × 1920	华为 Ascend Mate7	6英寸	1080 × 1920
华为 荣耀6	5英寸	1080 × 1920	华为 Ascend Mate2	6.1英寸	720 × 1280
华为 C199	5.5英寸	720 × 1280			
HTC One (M8)	5英寸	1080 × 1920	HTC Desire 820	5.5英寸	720 × 1280
魅族 MEIZU MX4	5.36英寸	1152 × 1920	魅族 MEIZU MX3	5.1英寸	1080 × 1800

图1-24　Android 界面及图标尺寸规范

第二节　UI界面设计常用方法

一、常用的设计方法

1. 思维导图法

在 UI 界面设计的过程中我们确定情感关键以及情绪板都是运用思维导图法来进行创意联想工作的。

思维导图，又叫心智图，是表达发射性思维的有效的图形思维工具，它通常被称之为一种革命性的思维工具。思维导图运用图文并重的技巧，把各级主题的关系用相互隶属与相关的层级图表现出来，把主题关键词与图像、颜色等建立记忆链接。（图1-25）

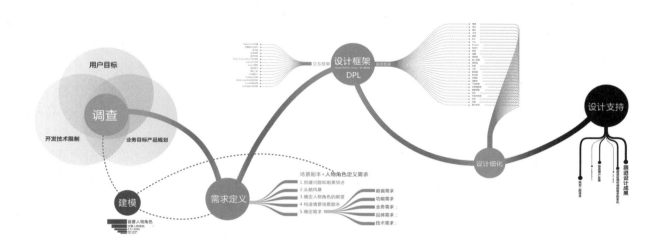

图1-25　淘宝 UED 设计流程思维导图

思维导图法是一种将放射性思考具体化的方法。例如，我们知道文字、数字、符码、食物、香气、线条、颜色、意象、节奏、音符等元素，都可以成为一个思考中心，由此中心向外发散出无数个思维节点，每一个节点代表与中心主题的一个联结，而每一个联结又可以成为另一个中心主题，再向外发散出成千上万的关节点，而这些关节的联结可以视为记忆，也就是个人数据库。它是一种展现个人智力潜能极致的方法，可提升思考技巧，大幅增强记忆力、组织力与创造力。它是根据人的认知和思维特征发展而来的工作与思维方法。

我们在进行思维导图法的联想过程中通常可以从事物的关联性、人的感官感受，以及5W3H分析法来展开思路。例如，事物的关联性，我们就可以从事物相近的、相反的、相关的三个方面入手。人的感官感受主要指视觉、听觉、味觉、嗅觉、触觉。这里主要体现在通过感官感受来展开联想，例如，说到西瓜，我们就会联想到"夏天""甜的""红色"等词语。5W3H又称"八何分析法"。分别指 Why, What, Where, When, Who, How, How much, How feel。中文意思为：为什么？是什么？何处？何时？谁来做？怎么做？成本？结果会怎样？（图1-26）

2. 情境化设计法

情境化设计法是指在进行设计的过程中设计师置身于某一具体情境进行设计。UI界面设计涉及用户体验与交互设计，以用户为中心的设计是UI界面设计的基本要求。通常设计的设想未必与用户的目标、关注点、使用习惯一致，所以，置身于某一情境，直接接触用户、了解用户对设计工作有很大的帮助。

图1-26　创意工作通常会用到5W3H分析法

3. 现代设计方法

现代设计方法中包含了多种设计方法，结合UI界面设计的设计方法需要，我们主要来看以下几点：

（1）信息方法论

信息方法论具有高度的综合性。它最初是用于电信通信技术层面的，现已扩展到经济、管理、语言、物理、化学、艺术等与信息相关的一切领域，主要研究信息的获取、变换、传输、处理等问题。

（2）系统方法论

系统方法论是以系统整体分析及系统观点来解决各种领域具体问题的科学方法学。具体设计方法有：系统分析法、逻辑分析法、模式识别法、系统辨识法等。

（3）艺术方法论

艺术方法论是指以艺术美感为出发点，使技术与艺术、科学与美学、创造与工艺紧密联系的科学方法学。它主要用于系统、子系统、单体的形体设计、工业设计、环境设计、UI设计等领域。

（4）寿命方法论

以产品的使用寿命作为设计依据，保证使用寿命周期内的经济指标与使用价值，同时谋求必要的可靠性与最佳的经济效益，即寿命方法论，也称之为功能论方法。

（5）对应方法论

世界上事物之间虽有千差万别，但各类事物之间却存在某些共性或相似的恰当比拟，具有大量而普遍的对应性。以相似或对应模拟作为思维、设计方式的科学方法，即对应论方法。

4. UI界面设计中的构成方法

构成作为一门传统学科在艺术设计基础教学当中起着非常重要的作用，它是对学生在进入专业学习前的思维启发与观念传导。在设计领域，构成是指将一定的形态元素，按照视觉规律、力学原理、心理特性、审美法则进行的创造性的组合。

构成训练是设计的最初阶段，它与现代设计有机结合，促使设计者从中得到启发，带来了科学性、逻辑性，同时也带来了艺术性。构成训练对于UI界面设计的作用在于思维的开发，它可以最大限度地开发我们的想象力与创造力。UI界面设计师也可以将构成的知识与方法有效地运用在UI界面设计中。

在设计领域中构成分为平面构成、立体构成和色彩构成三种形式，被称为三大构成。

平面构成主要是运用点、线、面和律动组成，结构严谨，富有极强的抽象性和形式感。它是在进行实际设计运用之前必须要学会运用的视觉艺术语言。平面构成探讨的是二维空间的视觉文法。其构成形式主要有重复、近似、渐变、变异、对比、集结、发射、空间与矛盾空间、分割、肌理及错视等。平面构成的知识是UI界面设计的基础，它已广泛应用于工业设计、建筑设计、平面设计、时装设计、舞台美术、视觉传达等领域。（图1-27）

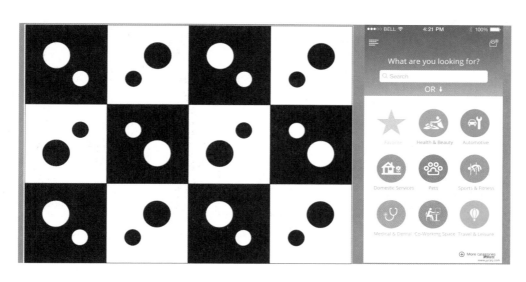

图1-27　平面构成作品与APP界面中的构成运用

立体构成也称为空间构成。立体构成是由二维平面形象进入三维立体空间的构成表现，两者既有联系又有区别。它样之间的联系是：都是一种艺术训练，引导并了解造型观念，训练抽象构成能力，培养审美观；区别是：立体构成是三维空间的实体形态与空间形态的构成。它是以点、线、面、对称、肌理元素等来研究空间立体形态的学科，也是研究立体造型各元素的构成法则。（图1-28）

图1-28　图标设计中立体构成的运用

色彩构成即色彩的相互作用，是从人对色彩的知觉和心理效果出发，用科学分析的方法，把复杂的色彩现象还原为基本要素，利用色彩在空间、量与质上的可变幻性，按照一定的规律去组合各构成之间的相互关系，再创造出新的色彩效果的过程。色彩构成是艺术设计的基础理论之一，它与平面构成及立体构成有着不可分割的关系，色彩不能脱离形体、空间、位置、面积、肌理等而独立存在。（图1-29）

图1-29　APP界面、图标设计的色彩构成

以下是构成的基本形式在 UI 界面设计视觉元素中的相关应用。

（1）重复构成

重复是指在同一设计中，相同的形象出现过两次或超过两次。重复是设计中比较常用的手法，以加强给人的印象，造成有规律的节奏感，使画面统一。所谓相同，在重复的构成中主要是指形状的相同，其他的还有色彩、大小、方向、肌理等方面的相同。

重复构成的形式就是把视觉形象秩序化、整齐化，在图形中可以呈现出和谐统一的视觉效果。这种构成方式具有规律的节奏感，整体性、连续性效果好，能产生和谐统一的单纯美。重复构成的基本形式主要有：

① 单体基本形重复，即一个形体反复排列；

② 单元基本形的重复，两个或者两个以上形体一组反复排列；

③ 近似基本形的重复：将近似（相近、相似）基本形反复排列。

我们常见的手机主题界面图标就是采用重复的构成方式排列的。（图1-30、图1-31）

（2）近似构成

近似就是大多数一致相同，局部有差异变

图1-30　手机主题界面图标采用重复排列1

图1-31　手机主题界面图标采用重复排列2

化，造型上有近似的性质（形状、大小、色彩、肌理等方面有相同的特点）。世界万物没有绝对的相同一致，都是以近似的状态存在的。同类的自然形象有细节方面的区别，有角度的调节，有组合的变化，这些不同的差异造成不同的近似的效果。以肉眼来做分辨，差异小的形象则为重复，差异大的形象则为近似。近似的目的是要在重复的主题下，增强趣味性，而使重复的形象更加突出。（图1-32、图1-33）

（3）渐变构成

渐变构成是指基本形或骨骼逐渐的、有规律的循序变动，它会产生节奏感和韵律感。渐变是一种符合规律的自然现象，例如自然界中物体近大远小的透视现象、水中的涟漪等。这些都是有秩序的渐变现象。渐变的形式是多方面的，形象的大小、疏密、粗细、位置、方向、层次等，色彩的深浅、明暗，声音的强弱都可以达到渐变的效果。

形状渐变：由一个形象逐渐变化为另一个形象。其可以采用对一个形的压缩、削减、位移或两形共用一个边缘等途径来实现从一个形到另一个形的转化，有具象渐变和抽象渐变两种形式。

大小渐变：依据近大远小的透视原理，将基本形作大小序列的变化，给人以空间感和运动感。

方向渐变：将基本形作方向、角度的序列变化。它会使画面产生起伏变化，增强立体感和空间感。

位置渐变：将基本形在画面中或骨骼单位的位置作有序变化，会使画面产生起伏波动的视觉效果。

色彩渐变：基本形的色彩由明到暗渐变变化。（图1-34、图1-35）

（4）变异构成

变异是指构成要素在有秩序的关系里，有意违反秩序，使少数或者个别的元素显得突出，以此来打破规律性。变异的效果是从比较中得来的，通过小部分不规律的对比，使人在视觉上受到一定的刺激，形成特定的视觉焦点，产生新奇

图1-32　近似构成在界面设计中的运用

图1-33　近似构成在界面设计中的运用

图1-34　颜色渐变在界面设计中的运用

图1-35　颜色渐变在界面设计中的运用

图1-36 变异构成在输入法界面中的运用

图1-37 变异构成在WUI中的运用
（红色方框内的按钮部分）

的、生动活泼的视觉效果。在APP界面设计中或者WUI设计中往往通过变异构成的方法来表现或者强调某些重要的信息。

变异构成的表现形式有：基本形的变异、大小变异、方向变异、形状变异、位置变异、色彩变异。（图1-36、图1-37）

（5）对比构成

对比构成是构成设计中最重要的原理之一，有着较强的实用性。对比构成的形式法则被广泛运用于各类设计，特别是平面设计领域，从招贴、书籍、包装、样本到标志、网页等的图形、文字、编排、色彩，无一不涉及对比的原理和形式。对比构成的形式很多，主要体现在形象与形象之间的关系，以及形象与空间之间的关系和形象编排的方式。

对比构成的表现形式有：空间对比、聚散对比、大小对比、曲直对比、方向对比、明暗对比、方向对比、虚实对比、动静对比等。对比的形式很多，关键在于根据内容选择合适的对比形式，才能取得最佳效果。（图1-38）

图1-38 对比构成在界面设计中的运用

（6）结集构成

结集（又称密集）是指众多的单形在画面的某个地方结集，而在其他地方表现为疏散。结集的单形，可以是具象的，也可以是抽象的形态。结集构成的形式有：向点结集、向线结集、自由结集。向点是指基本形向一点聚集或向外扩张，或多点聚集，形成疏密渐变关系；向线是指基本形向虚拟的线结集，距离线越近越密集，越远则越疏，形成一定疏密渐变；自由结集是指基本形随意排列，形成密集感。（图1-39至图1-41）

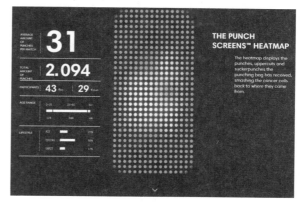

图1-39 结集构成在WUI设计中的应用1

图1-40 结集构成在WUI设计中的应用2

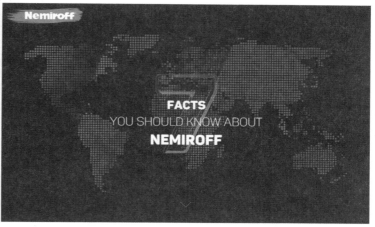

图1-41 结集构成在WUI设计中的应用3

（7）发射构成

发射是一种特殊的重复，是基本形或骨骼单位环绕一个或多个中心点向外散开或向内集中。例如，自然界盛开的花朵就属于发射的形状。另外，发射也可以说是一种特殊的渐变，它和渐变一样，骨骼和基本形要作有序的变化。但是发射和渐变的区别在于，发射具有很强的聚集，这个聚集点通常在画面中央；其次发射还具有很强的空间感和动感，使得所有图形向中心点聚集或向外扩散。

发射构成的形式主要有中心式发射和同心式发射。中心式发射又包括"离心式"和"向心式"发射，是发射点由中心向外或向内做集中发射；同心式发射则是骨骼线环绕同一发射中心由内向外的发射。（图1-42至图1-44）

图1-42 APP界面设计中的发射构成1

图1-43　APP界面设计中的发射构成1　　图1-44　APP界面设计中的发射构成2

（8）分割构成

分割是把一个限定的空间，按照一定的规则分成若干的形态，形成新的整体形态。分割本身只是一种手段而不是目的，它的目的在于获得全新的空间，即如何在有限的空间内把文字、图形巧妙地配置起来重构空间，形成一个新的统一的整体。分割的形式有：等形分割、等量分割、自由分割。（图1-45至图1-47）

 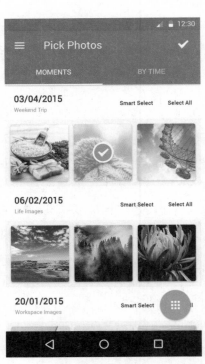

图1-45　APP界面设计中的等形分割运用1　　图1-46　APP界面设计中的等形分割运用2

图 1-47　APP 界面设计中的自由分割运用

二、UI 界面设计中的色彩搭配技巧

1. 色彩的意义

从根本上来看，色彩会影响我们的知觉，它可以帮助设计师来确定用户是如何感知界面的设计、导航和内容。从另一个层面来看，色彩是心理学和文化上的定义，在世界上不同的文化背景中，其意义是不同的，人们通常会觉得暖色比较明快，具有支配感；暖色会产生拉进、扩张和跳脱背景的效果。冷色相反会有后退感，中性色则会有较小的冲击力、情感和知觉影响。色彩在决定用户体验、刺激活力和用户的兴趣方面起着很大作用。

在大多数西方国家中，人们虽然使用不同的语言，但对色彩有着同样的诠释，如红色代表着危险或激情。但有的色彩在不同的文化背景中的意义不同，也会导致一些问题的出现。例如，在西方国家，绿色总是和生态、自然联系在一起，但在非西方文化中它也有"堕落""背信"的意义。因此，色彩虽然在界面设计中可以传达个性、调性、信息和动作调用，但仍然需要与图像、文本联合应用，这样才能最大化地传达效果，最小化地避免误解。

色彩除了上文讲到的相关内容，它通常还包含了其他层面的含义。例如，色彩的感情、色彩的形状、色彩的味觉、色彩的距离感、色彩的音乐感、色彩的知觉变化等，不同的色系有助于为用户传递准确的信息和调性，以及产品的语境、文化上的创造力。一般情况下，各种色彩给人的感觉是：红色代表热情、浪漫、火焰、暴力、侵略；红色在很多文化中代表的是停止的讯号，用于警告或禁止一些动作。紫色代表创造、谜、忠诚、神秘、稀有；紫色在某些文化中与死亡有关。蓝色代表忠诚、安全、保守、宁静、冷漠、悲伤。绿色代表自然、稳定、成长、忌妒；在北美文化中，绿色代表的是"通行"，与环保意识有关，也经常被联结到有关财政方面的事物。黄色代表明亮、光辉、疾病、懦弱。黑色代表能力、精致、现代感、死亡、病态、邪恶。白色代表纯洁、天真、洁净、真理、和平、冷淡、贫乏；白色在中国文化中也代表着死亡的颜色。

图 1-48　绿色基调的儿童健康相关的 WUI

色彩对于 UI 界面设计的重要性是不言而喻的，试想一款没有色彩的 APP 是否显得过于单调无味？"没有不好看的颜色，只有不好的搭配。"随着现代色彩学的不断发展，人们对色彩的认识也不断深入，对色彩功能的了解与运用日益加深。有经验的设计师就善于利用人对色彩的视觉感受，创造出富有个性、层次、秩序与情调的界面，从而达到事半功倍的效果。（图 1-48 至图 1-52，其中，图 1-48 所示为关于儿童健康的网站界面，网站主页用了一张儿童摄影照片作为主背景，草绿色作为

图 1-49　暖色系 APP 界面

图 1-50　美食应用界面的色彩运用

图 1-51　荷兰矿泉水网站界面

图 1-52　化妆品网站界面

主色调并搭配橙色、红色等色彩传达了一种健康、阳光、绿色的语境。)

2. 色彩的应用

色彩五颜六色、千变万化，我们平时所看到的白色光，经过分析在色带上可以看到，它事实上包括红、橙、黄、绿、青、蓝、紫七色，各颜色间自然过渡。其中，红、黄、蓝是三原色，三原色通过不同比例的混合可以得到各种颜色。色彩有冷暖色之分，冷色（如蓝色）给人的感觉是安静、冰冷；而暖色（如红色）给人的感觉是热烈、火热。冷暖色的巧妙运用可以让 UI 界面设计产生意想不到的效果。色彩与人的心理感觉和情绪也有一定的关系，利用这一点可以在进行 UI 界面设计时形成自己独特的色彩效果，给用户留下深刻的视觉印象。（图 1－53 至图 1－56）

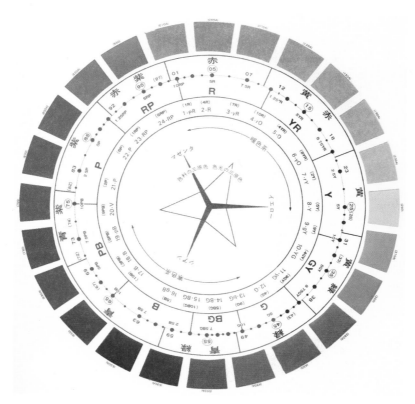

图 1－53　色相环

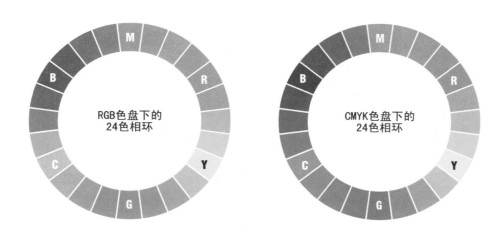

图 1－54　RBG 与 CMYK 两种色盘模式的色环显示

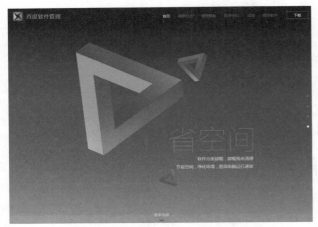

图 1-55　图标设计中的色彩运用

图 1-56　网页界面设计，运用冷色与
暖色的渐变搭配形成独特的色彩效果

色彩与所依附的语境关系紧密。将两到三种颜色进行组合，在用户界面设计中是很有效的方法。通常，我们为屏幕或者印刷制品做设计的时候选择色彩会用到色环。色环是由红、黄、蓝三种主要颜色构成的色谱。补色位于色环的相反方向（如红色和绿色），近似色位于色环相邻的位置，由于其色谱中的位置很近，所以容易协调，如绿色、蓝色、紫色。通过选择一种三色组合，可以建立一种三合一的关系。RGB 色彩空间为色彩选择和观察提供了最大范围的三合一关系。由于一些色彩组合会有一些问题的出现，所以为了确保用户界面的可用性，在三合一的关系中，色彩需要平衡。在色彩的对比中，通过突显来强调重要程度。在为色彩组合选择色彩的时候，可以选择补色或近似色。由于撞色会给设计带来干扰，所以应该避免使用，但对比色却可以达到吸引注意力的效果。

通常，一个 UI 产品成功与否，在某种程度上取决于设计者对色彩的运用和搭配。因为 UI 界面设计大多属于一种平面视觉效果的设计，在排除立体图形、动画效果之外，在平面图上，色彩的冲击力是最强的，它很容易给用户留下深刻的印象。因此，在进行 UI 界面设计时，我们必须要高度重视色彩的搭配。（图 1-57）

图 1-57　国外移动端应用 APP 界面的色彩搭配

3. UI界面设计中配色技巧

色彩搭配既是一项技术性的工作，同时也是一项艺术性很强的工作，因此，在进行UI界面设计的颜色搭配时除了考虑UI产品本身的特点外，还要遵循一定的艺术规律，从而设计出色彩鲜明、性格独特，且能够给人们带来视觉上的舒适与友好感的UI设计。不管是移动端的主题UI、APP应用软件，还是PC端的WUI与应用软件，或者是其他智能设备的UI界面设计等，通常，其色彩搭配的原则与技巧主要有以下几个方面。

（1）色彩对比原则

底色和图形色要有一定的对比度，一般用明亮鲜艳的色调做图形色才能突出强调。无色彩与有色彩的对比，也可以产生明显的视觉效果，通常在导航栏的设计、APP按钮的设计上会用到。（图1-58至图1-59）

图1-58　色彩搭配中的对比性原则

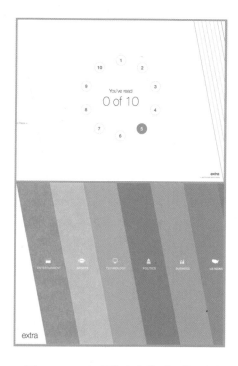

图1-59　色彩搭配中的对比性原则

（2）色调的整体性原则

如果想要设计充满生气、稳健、冷清或者温暖、寒冷等感觉，都可以由整体色调决定。那么我们怎么能够控制好整体色调呢？只有控制好构成整体色调的色相、明度、纯度关系和面积关系等因素，才可以控制好界面设计的整体色调。首先要在配色中心决定占大面积的颜色，并根据这一颜色来选择不同的配色方案就会得到不同的整体色调设计方案；然后从中选择出想要的配色方案。

用暖色系列来做整体色调则会呈现出温暖的感觉，反之亦然。如果用暖色和纯度高的颜色作为整体色调则给人以火热刺激的感觉；以冷色和纯度低的色为主色调则让人感到清冷、平静。以明度高的颜色为主则亮丽，而且变得轻快；以明度低的色为主则显得比较庄重、肃穆。取对比的色相和明度则显得活泼，取类似、同一色系则感到稳健。色相数多则会华丽，少则淡雅、清新。以上几点整体色调的选择要根据UI产品的定位以及所要表达的内容来决定。

（3）色彩的平衡

颜色的平衡就是颜色的强弱、轻重、浓淡这种关系的平衡。这些元素在感觉上会左右颜色的平衡关系。因此，即使相同的配色，也将会根据图形的形状和面积的大小来决定成为调和色或不调和色。一般用同类色来配色比较容易平衡。处于补色关系且明度值也相似的纯色配色，如红和蓝绿的配色，会因过分强烈感到刺眼，成为不调和色。可是若把一个色的面积缩小或改变其明度和纯度并取得颜色之间的平衡，则可以使这种不调和配色变得调和。纯度高而且强烈的颜色与同样明度的灰色系搭配时，如果前者的面积较小，而后者的面积大也能够取得平衡。将亮色与暗色上下配置时，若亮色在上暗色在下则会显得安定。反之，若暗色在亮色上则有动感。（图1-60、图1-61）

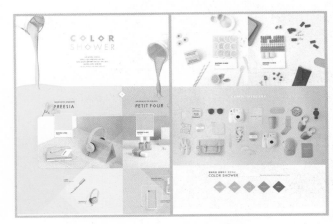
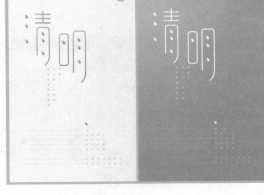

图1-60　网站界面中色彩搭配　　　　　　图1-61　APP欢迎界面中的色彩搭配

（4）重点色的运用

配色时，为了避免颜色搭配过于单调，可以将某个颜色作为重点色，从而使整体配色平衡。在整体配色的关系不明确时，我们就需要突出一个重点色来平衡配色关系。选择重点色要注意以下几点：重点色应该选用比其他的色调更强烈的颜色。重点色通常选择与整体色调相对比的调和色；重点色一般所占面积比例较少。选择重点色必须考虑整体配色的协调。（图1-62）

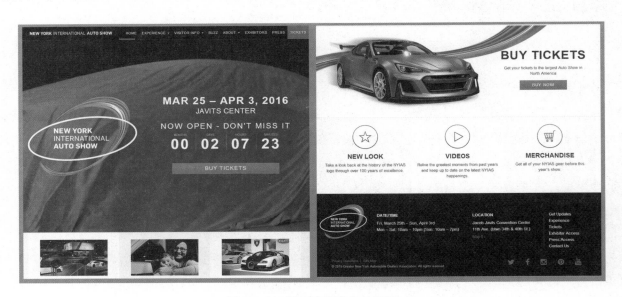

图1-62　界面中重点色的运用

（5）色彩的节奏感

由颜色的配比产生整体的色调，而这种配比关系在整体色调中反复出现排列就产生了节奏。色彩的节奏与颜色搭配的编排、形状、质感等有关。渐进的色相变化、明度、纯度都会发生变化而且会产生一定的规律性，也就产生了色阶上的节奏。将色相、明暗、强弱等数值变化做多次重复构成，便会产生反复的节奏，通常通过赋予色彩的配比关系（跳跃感与方向感）就能产生动感的节奏。我们可以通过学习或训练来掌握更多的节奏效果。（图1-63）

图1-63 网站界面通过色彩搭配产生的节奏感，能带给用户独特的视觉体验

（6）善于运用渐变色来调和配色

在两种颜色或两种以上的颜色搭配显得不调和时，在其中间插入阶梯变化的几个颜色，就可以使整体配色显得调和。

色环的渐变：色相的渐变就像色环一样，在红、黄、绿、蓝、紫等色相之间配以中间色，就可以得到渐变的变化。

明度的渐变：从明色到暗色阶梯的变化。

纯度的渐变：从纯色到浊色或到黑色的阶梯变化。根据色相、明度、纯度组合的渐变，把各种各样的变化作为渐变的处理，从而构成复杂的效果，这些渐变色都是调和的。（图1-64）

（7）色彩的情感

不同的色彩往往会带给人们不同的情感体验。在进行 UI 设计时，我们便可以根据产品定位与用户体验等因素来设计出符合产品情感定位的色彩搭配。

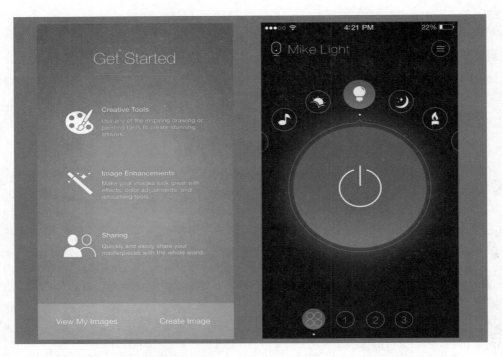

图 1-64　APP 界面设计中运用渐变色来使得色彩的搭配显得协调、舒适

　　红色的色彩情感通常是：热情、革命、正统、紧张、危险等，从第一点来看，我们就不难发现有很多电子商务网站界面配色通常会运用到红色（图 1-65）。

　　粉色或浅色系的界面色彩所传递的色彩情感通常是天真、温情、柔和等。

　　橙色的色彩情感通常包含了温暖、收获、明朗、积极、美食等，在食物相关的 APP 或者网站界面中就常用到橙色色系（图 1-66）。

　　总之，我们在运用色彩情感来响应 UI 产品定位时，通常可以根据不同颜色的情感特征来进行颜色搭配。

图 1-65　京东商城网站截图，界面中红色的运用

图 1-66　美食网站运用了橙色色系表现出的色彩情感与其主题相呼应

（8）配色避免视觉疲劳，简洁不简单

UI设计通常是以用户体验为中心，用户才是王道。当前社会已全面进入数字媒体时代，电子产品琳琅满目，成为我们生活的一部分，相应的UI界面设计也显得"百花争艳"，不计其数的信息量，众多的风格与色彩已经给我们造成了视觉上的负担。这时，UI界面设计的配色尽量做到最大化的简洁、协调是非常有必要的。（图1-67）

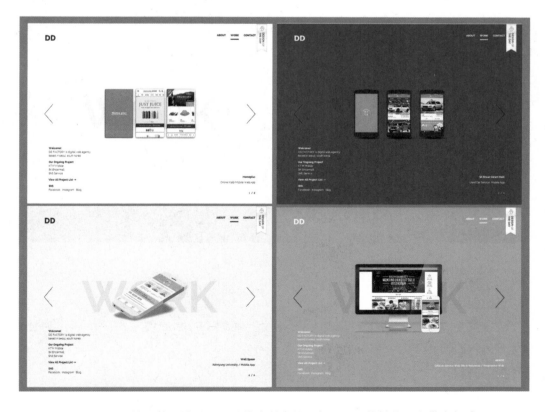

图 1-67　韩国某网站界面用最简洁干净的配色，反而能够给用户带来好感

4. 色彩搭配要注意的问题

（1）单色运用

尽管 WUI 设计要避免采用单一色彩，以免产生单调的感觉，但通过调整色彩的饱和度和透明度也可以产生变化，使网站避免单调。

（2）使用邻近色

所谓邻近色，就是在色环上相邻近的颜色，例如绿色和蓝色、红色和黄色就互为邻近色。采用邻近色设计网页可以使网页避免色彩杂乱，易于达到页面的和谐统一。

（3）使用对比色

对比色可以突出重点，产生强烈的视觉效果，通过合理使用对比色能够使网站特色鲜明、重点突出。在设计时一般以一种颜色为主色调，对比色作为点缀，可以起到画龙点睛的作用。

（4）黑色的使用

黑色是一种特殊的颜色，如果使用恰当，设计合理，往往产生很强烈的艺术效果，黑色一般用来作为背景色，与其他纯度色彩搭配使用。（图1-68）

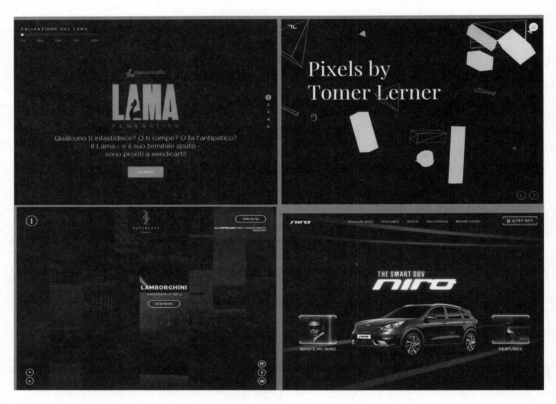

图1-68 国外网站界面

（5）背景色的使用

背景色一般采用素淡清雅的色彩，避免采用花纹复杂的图片和纯度很高的色彩作为背景色，同时背景色要与文字的色彩对比强烈一些。

（6）色彩搭配的数量

一般初学者在设计网页时往往使用多种颜色，使网页变得很"花哨"，缺乏统一和协调，表面上看起来很花哨，但缺乏内在的美感。事实上，网站用色并不是越多越好，一般控制在三种色彩以内，通过调整色彩的各种属性来产生变化。

三、UI 界面的常见设计风格

UI 界面设计的常见风格主要有扁平化风格、拟物化风格、卡通化、游戏风格，每一种风格都各具特色与魅力，让我们来了解一下这四种不同的设计风格。

1. 扁平化风格

扁平化的核心意义是指去除冗余、厚重和繁杂的装饰效果。而具体表现在去掉多余的透视、纹理、渐变以及能显出 3D 效果的元素，这样可以让"信息"本身重新作为核心被凸显出来。同时在设计元素上，则强调了抽象、极简和符号化。

扁平化的设计，尤其在移动端平台上直接体现在：更少的按钮和选项。这样使得 UI 界面变得更加干净整齐，使用起来格外简洁，从而带给用户更加良好的操作体验，因为可以更加简单直接地将信息和事物的工作方式展示出来。

扁平化的设计，在移动系统上不仅界面简洁、美观，而且还能达到降低功耗、延长待机时间和提高运算速度的效果。例如，Android 5.0 就采用了扁平化的效果，因此被称为"最绚丽的安卓系统"。（图 1－69、图 1－70）

图 1－69　扁平化的界面设计

图1-70　长投影扁平化图标设计

现今，有越来越多的网站已在 UI 设计上走扁平式设计的路线。无论是一个网站还是一个应用程序，扁平化和极简的设计正在成为新的趋势。

扁平化设计技巧有以下几点：

（1）简单的设计元素

所有元素的边界都干净利落，没有任何羽化、渐变或者阴影；放弃一切装饰效果，诸如阴影、透视、纹理、渐变等能做出 3D 效果的元素；更少的按钮和选项使得界面干净整齐，使用起来格外简单。

（2）强调字体的使用

字体是排版中很重要的一部分，它需要和其他元素相辅相成，一款花哨字体在扁平化的界面设计中难免显得较为突兀。

（3）关注色彩

扁平化设计中，色彩搭配是至关重要的一环，扁平化设计通常采用比其他风格更明亮更炫丽的颜色。同时，扁平化设计中的配色还意味着更多的色调。比如，其他 UI 设计通常只包含两三种主要颜色，但是扁平化设计中则会使用六到八种颜色。

（4）简化的交互设计

设计师要尽量简化自己的设计方案，避免不必要的元素出现在设计中。简单的色彩搭配加上美观简洁的字体就足够了，如果还想添加点什么，也尽量选择相对简单的图案。

（5）伪扁平化设计

不要以为扁平化只是把立体的设计效果压扁，事实上，扁平化设计更是功能上的简化与重组。相比于拟物化而言，扁平风格的一个优势就在于它可以更加简单直接地将信息和事物的工作方式展示出来。在伪扁平化以及扁平化设计中扁平化长投影效果是运用较多的表现手法。

2.　拟物化

拟物化则是相对于扁平化而言的一种设计风格。它通常需要模拟真实物体的材质、质感、细节、光亮等，如果说，扁平化是二维的，那么拟物化则是三维的效果，包括了纹理、质感、透视等效果。拟物化的代表作品有 Android 以及 IOS 7.0 以下时期的大部分 APP。

拟物化的设计在人机交互上也会趋向拟物化设计，模拟现实中的交互方式。拟物化设计具有学习成本低、一学就会且能传达出丰富的人性化感情的特点。（图1-71、图1-72）

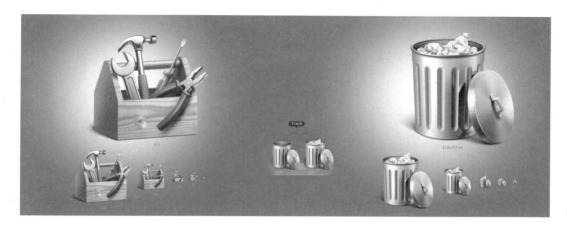

图1-71　拟物化图标

a）iOS 6.0　　　　　　　　　b）索尼UI　　　　　　　　c）smartisan OS

图1-72　拟物化手机主题

3. 卡通化

卡通设计本指漫画，它主要是通过夸张、变形、假定、比喻、象征等手法，以幽默、风趣、诙谐的艺术效果，讽刺、批评或歌颂现实生活中的人和事。UI界面设计中的卡通化是指在视觉表现形式上运用卡通设计的相关技法与形式。

卡通设计表现形式指用相对写实图形，用夸张和提炼的手法将原型再现，是具有鲜明原型特征的创作手法。用卡通手法进行创意设计需要设计者具有比较扎实的美术功底，能够十分熟练地从自然原型中提炼特征元素，用艺术的手法重新表现。卡通图形可以滑稽、可爱，也可以严肃、庄重。通常，卡通化的UI界面设计一般针对儿童相关的应用软件及游戏。（图1-73）

4. 游戏风格

游戏的种类繁多，其UI界面风格也多种多样，这里主要指常见网络游戏界面设计风格，这一类型的UI界面大多介于扁平化与拟物化之间，界面视觉设计也以符合游戏类型、烘托游戏氛围为主。（图1-74）

图1-73　卡通化APP界面

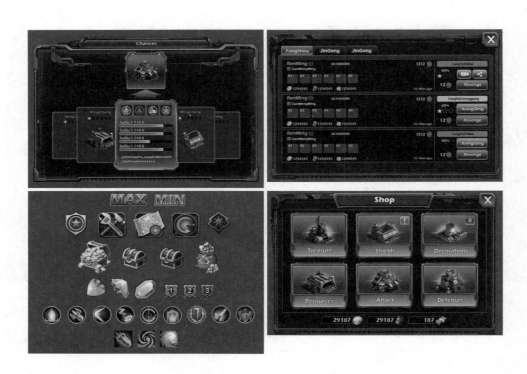

图1-74　游戏风格界面

第三节　UI界面设计与用户体验

　　生活中我们都是UI产品的用户，所以我们都曾感受过某些UI设计带给我们糟糕的使用体验。用户体验设计是否成功在某种程度上决定了UI产品的受欢迎程度与产品寿命。斯蒂芬·乔布斯曾说过："任何个性化的前提都是满足人们的需求，这个需求就是要做好用户体验——让用户因为使用苹果的产品而爽起来。"腾讯公司CEO马化腾也曾说："如何让用户去用、如何让用户喜欢用、如何让用户习惯去用，我们的目的是要让用户感到超快、飞快，让用户体验非常好，这些都需要大量技术和后台来配合。"由此可见，用户体验对于一款数码产品或者UI产品本身来说都是至关重要的。

一、何为用户体验

用户体验主要来自用户和人机界面的交互过程，是一个整体的感知过程，研发过程的每一个环节都可能对其产生影响。在早期的软件设计过程中，人机界面被看作仅仅是一层包裹于功能核心之外的"皮肤"而没有得到足够的重视。其结果就是对人机界面的开发是独立于功能核心的开发，而且往往是在整个开发过程的尾声部分才开始的。这种方式极大地限制了对人机交互的设计，其结果带有很大的风险性。因为在最后阶段再修改功能核心的设计代价巨大，牺牲人机交互界面便是唯一的出路，这种带有猜测性和赌博性的开发难以获得令人满意的用户体验。

现在流行的设计过程注重以用户为中心。用户体验的概念从开发的最早期就开始进入整个流程，并贯穿始终。其目的就是保证：（1）对用户体验有正确的预估；（2）认识用户的真实期望和目的；（3）在功能核心还能够以低廉成本加以修改的时候对设计进行修正；（4）保证功能核心同人机界面之间的协调工作，减少BUG的出现。

在具体的实施上，就包括了早期的 focus group（焦点小组），contextual interview（情境性访谈），和开发过程中的多次 usability study（可用性实验），视觉设计以及后期的 user test（用户测试）。在设计—测试—修改这个反复循环的开发流程中，可用性实验为何时出离该循环提供了可量化的指标。

二、UI设计中影响用户体验的因素

随着互联网与计算机技术的不断进步以及大众审美能力的不断提升，越来越多的公司已经意识到用户体验对于UI产品的重要性，并且专门设立了用户体验设计相关部门。那么在UI设计的过程中，有哪些因素会影响产品的用户体验？通常，在UI产品研发项目中，它的产品定位、UI界面设计、技术、运营等都是影响用户体验的因素。

1. 产品定位

产品定位就是关于产品的目标、范围、特征等约束条件，简单来说就是用一句话概括某个产品。产品定位决定了产品的方向，产品的所有功能、内容、设计风格都围绕产品的定位进行，特别是UI产品，如果没有清晰地把握住产品定位，那么它的功能、内容、设计风格都会显得有些糟糕。

产品定位是任何一款UI产品的核心价值所在，产品定位是否准确直接决定了产品的价值。它对产品的用户体验也具有重大影响。所以在UI设计的前期阶段我们一定要考虑这样的问题。产品的功能设置是否与用户目标一致？功能是否简单易用、便于操作且重点突出？功能的引导性是否明确？产品的互动性是否具有吸引力？只有把这些问题都明确了，才能确保产品的用户体验设计工作的阶段性成功。

2. UI界面设计

当我们在使用UI产品的过程中，能够直接影响使用体验的因素便是UI界面设计，用户界面包含了产品的品牌形象和视觉设计。技术趋同化的产品之间唯有UI界面设计可以体现出产品之间的差距。UI界面的视觉设计、版式、交互等因素都直接影响到产品的用户体验。用户界面的评判标准如下：

（1）UI界面设计的主题是否与产品的功能目标一致？

（2）色彩搭配是否协调舒适？

（3）界面设计是否规范？

（4）界面设计是否有视觉冲击力，够吸引人？

（5）界面的层级结构式是否简单、清晰？

（6）品牌形象与视觉识别系统是否能合理展现？

3. 技术层面的因素

技术是保证产品正常运行的基础，这里所指的技术主要是硬件技术与软件程序技术，没有技术的支撑，产品是没有"生命"可言的。技术层面的因素也会直接影响到用户体验，产品的操作与交互的流畅性、运行的稳定性，以及不同平台应用的兼容性等都会影响产品的最终体验效果。

（1）产品的稳定性；

（2）操作逻辑是否清晰、运行速度的流畅性；

（3）针对不同平台的兼容性；

（4）技术的更新与升级。

4. 运营

产品的营销也是用户体验的一部分，一个好的产品，不仅需要有好的策略、界面设计以及先进的技术支撑，同时还需要配合后期的运营工作，才能真正使其拥有好的用户体验。电子商务类的产品在这一点显得更为突出，产品的价格设置、购买流程是否便利等都会影响用户体验。

5. 界面的用户体验设计技巧

在全球化的数字媒体时代，数码产品以及相关应用软件的更新换代实在太快，我们如何应对这种高要求、快节奏的变化？如何保证产品的竞争力与生命周期？拥有较好的用户体验自然是产品应对市场竞争的必要条件。那么在 UI 设计过程中界面的用户体验设计有哪些技巧和方法？

（1）注重产品功能，界面尽量简洁

一般认为，美观而富有艺术感的界面让人看起来更赏心悦目，但美观和易用性有时又存在着许多矛盾。如在网站界面设计中，为了增强其美观性，人们倾向于使用较多的色彩、声音和图像乃至动画而导致界面混杂，但事实上这不仅不能帮助用户寻找相关信息，反而会分散用户的注意力，让用户反感，相反有些简洁朴实的界面更受人欢迎。可以说简洁的设计是信息爆炸时代的制胜法宝。（图 1-75、图 1-76）

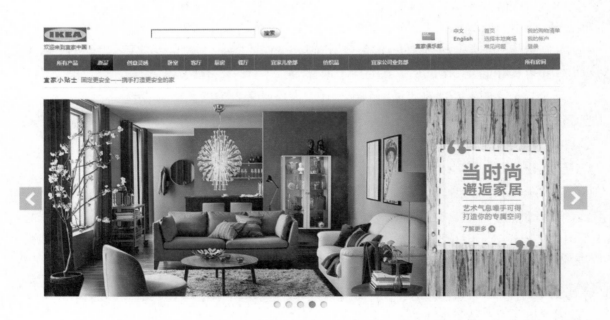

图 1-75　宜家家居网站截图，美观、简洁的布局设计可使人在浏览产品时觉得轻松舒适

图 1-76　宜家家居网站截图

（2）情境化设计方法

情境化设计方法是近年来用户体验研究比较提倡的一个调研方法。简单来说就是让自己通过某种方式亲身去体验目标用户的感受，这样就能得到别人的感受。举个例子，假如要为盲人设计佐料盒子，我们可以设想出多种有创意的设计，但是在做这些设计之前，我们应该先用布袋蒙上自己的眼睛，到厨房里摸索着炒个西红柿鸡蛋试试。这一点和我们日常产品开发中需求分析的某些过程很像，为了明确业务逻辑，往往最好的方法就是将自己想象成用户，完成一遍特定的操作，从中发现问题，这一点不仅适用于 UI 设计者，也适用于软件工程师。

（3）注重整体

通过长期的观察以及自身的使用体会发现，对不同的应用系统，用户界面程序部分在逻辑上和处理方法上具有高度相似性。举个例子：Microsoft Word，Excel 和 PowerPoint 三者虽然功能各不相同，一个是以文档制作为主，另两个分别是以表格制作和幻灯片制作为主，但三者的用户界面都有极大的相似性，当然这和三者都是同公司开发制作的软件并且都同属于软件界面的范畴有一定的关系。但相似的操作界面的确给用户的使用带来了极大的方便。如同前文所说，用户不希望刚学会使用一种界面而又要花时间精力去学着使用另外一种界面。

（4）界面一致性

隶属于同一触摸屏的应用程序之下的每一个界面风格不应该迥然不同。因为在不同的页面里，按钮出现的位置、布局格式、颜色的使用等都与整体一致感有关。用户每点击进入下一页，不应该犹如进入了不同的应用系统，产生走错房门的感觉。不管内页的功能如何变换，但给人的整体感觉应该一如既往。

（5）布局无障碍原则

为什么用户界面设计中要考虑布局的问题？因为界面上的内容和信息是通过界面布局而呈现在用户眼前的。布局的结构合理与否首先牵涉到信息传递的通畅性，其次也是一个很关键的美学概念。在用户界面设计中，可用性一直是强调的关键部分，但美学部分也从来没有说过要被忽视。按照认知心理学理论和眼动仪实验测下的大量数据反映，人们的视觉一般比较习惯接受"平衡"的东西，否则会产生不安全感。

（6）关注界面与人的互动

软件界面的交互性是影像产品用户体验的重要因素之一，互动性本身就是一种拉近用户与产品距离的因素，产品具有较好的界面互动，不仅能带给用户较好的使用体验，还能增强产品的趣味性。例如，我们在百度搜索中输入"黑洞""旋转""打雷"等相关词汇，网页界面就会出现相应的动画效果和声音。（图1-77）

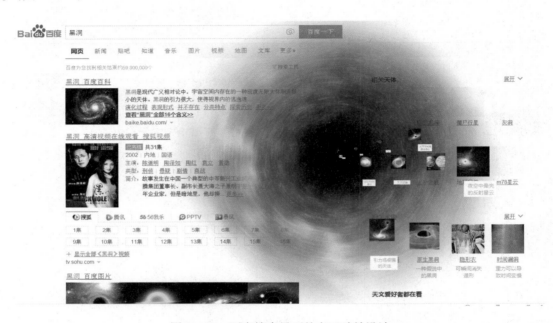

图1-77　百度搜索界面的交互动效设计

第四节　UI界面设计常用工具介绍

了解并掌握UI界面设计的常用工具是进行UI设计工作的首要条件之一，本书结合当前主流市场的实际情况，给大家介绍一下UI界面设计从创意构思到详细设计阶段需要用到的工具与专业软件。

一、笔和纸

通常，设计工作的前期都是离不开笔和纸的，在进行构思创意的时候可以用笔在草稿纸上来绘制设计草图。这一点是非常值得我们去做的，很多大师级的设计师在设计前也常会在纸上进行构思与创意的工作，因为这样不仅可以快速直观地把我们的创意呈现出来，而且在这个过程中也会促使我们产生更好的想法。这里所指的笔和纸不限于某一种，只要能够很自由地绘制我们的想法与创意便可。（图1-78）

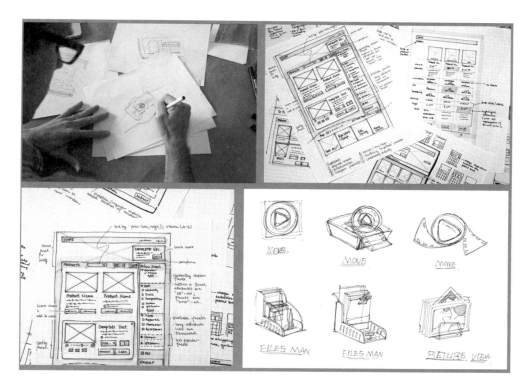

图 1－78　设计师在纸上进行创意与设计方案的草图绘制

二、原型设计阶段可能用到的软件

1. Mindjet MindManager（思维导图软件）

Mindjet 算得上倍受赞誉，也是最优秀的思维导图软件。所谓思维导图实际上就是一种将你的思想具体化，把你的思维分析整理为有计划有条理的导向图的工作管理软件。比如，你可以使用 Mindjet 简体中文版将你的工作规划列出来，并进行分层导向，帮你理清思维，以便在日后提高工作效率。总之，Mindjet 可以将您头脑中形成的思想、策略以及商务信息具体化为行动蓝图，令您的团队和组织以一种更加快速、灵活和协调的方式开展工作。

2. Axure RP

Axure RP 是一个专业的快速原型设计工具，让负责定义需求和规格、设计功能和界面的专家能够快速创建应用软件或 Web 网站的线框图、流程图、原型和规格说明文档。作为专业的原型设计工具，它能快速、高效地创建原型，同时支持多人协作设计和版本控制管理。

Axure RP 的使用者主要包括商业分析师、信息架构师、可用性专家、产品经理、IT 咨询师、用户体验设计师、交互设计师、界面设计师等，另外，架构师、程序开发工程师也在使用 Axure RP。

三、详细设计阶段会用到的软件

1. Photoshop

Adobe Photoshop，简称"PS"，是由 Adobe Systems 开发和发行的图像编辑处理软件。现阶段我国多数 UI 界面设计师都在使用 Photoshop 来进行界面设计，它以强大的图形图像编辑功能而大大提升了设计师的工作效率。PS 常见的应用领域有：平面设计、视觉创意、广告摄影、影像创意、网页制作、界面设计、后期修饰等。本书中的案例制作部分也是由 PS 制作完成的。

2. Adobe Illustrator

Adobe Illustrator 是 Adobe 系统公司推出的基于矢量的图形制作软件。它是一种应用于出版、多媒体和在线图像的工业标准矢量插画的软件，作为一款非常好的图片处理工具，Adobe Illustrator 广泛应用于印刷出版、海报书籍排版、专业插画、多媒体图像处理和互联网页面的制作等，也可以为线稿提供较高的精度和控制，适合生产任何小型设计到大型的复杂项目。该软件的最大特征在于钢笔工具的使用，使得操作简单功能强大的矢量绘图成为可能。它还集成文字处理、上色等功能。

3. CorelDRAW

CorelDRAW 是加拿大 Corel 公司的平面设计软件，该软件是 Corel 公司出品的矢量图形制作工具软件，这个图形工具给设计师提供了矢量动画、页面设计、网站制作、位图编辑和网页动画等多种功能。该图像软件是一套屡获殊荣的图形、图像编辑软件，它包含两个绘图应用程序：一个用于矢量图及页面设计，一个用于图像编辑。这套绘图软件组合带给用户强大的交互式工具，使用户可创作出多种富于动感的特殊效果及点阵图像即时效果，在简单的操作中就可得到实现，而不会丢失当前的工作。通过 Coreldraw 的全方位设计及网页功能可以融合到用户现有的设计方案中，灵活性十足。该软件提供的智慧型绘图工具以及新的动态向导可以充分降低用户的操控难度，允许用户更加容易精确地创建物体的尺寸和位置，减少点击步骤，节省设计时间。

4. Fireworks

Fireworks 是一款专业网络图片设计、图形编辑软件，它大大简化了网络图形设计的工作难度，无论是专业设计师还是业余爱好者，使用 Fireworks 都不仅可以轻松地制作出十分动感的 GIF 动画，还可以轻易地完成大图切割、动态按钮、动态翻转图等功能。它与 Dreamweaver 和 Flash 共同构成的集成工作流程可以让我们创建并优化图像，利用可视化工具，无须学习代码即可创建具有专业品质的网页图形和动画。它可以加速 Web 设计与开发，是一款创建与优化 Web 图像和快速构建网站与 WUI 原型界面的理想工具。

5. Adobe Flash

Adobe Flash 是 Adobe 公司旗下的一款专业二维动画软件，它的优势在于可制作广泛应用于互联网的矢量二维动画文件，在 UI 界面中常会运用 Flash 来制作动态的 UI 效果。Adobe Flash 现已更名为 Animate CC，维持原有 Flash 开发工具支持外新增 HTML 5 创作工具，为网页开发者提供更适应现有网页应用的音频、图片、视频、动画等创作支持。Animate CC 将拥有大量的新特性，特别是在继续支持 Flash SWF、AIR 格式的同时，还会支持 HTML5 Canvas、WebGL，并能通过可扩展架构去支持包括 SVG 在内的几乎任何动画格式。

6. Adobe After Effects

Adobe After Effects 简称"AE"，是 Adobe 公司推出的一款图形视频处理软件，适用于从事设计和视频特技的机构，包括电视台、动画制作公司、个人后期制作工作室以及多媒体工作室。Adobe After Effects 软件可以帮助设计人员高效且精确地创建无数种引人注目的动态图形和震撼人心的视觉效果。利用与其他 Adobe 软件无与伦比的紧密集成和高度灵活的 2D 和 3D 合成，以及数百种预设的效果和动画，为电影、视频、DVD 和 Macromedia Flash 作品增添令人耳目一新的效果。而在 UI 界面设计工作中可能会用到 AE 来制作一些较为复杂的动态效果。

四、其他设计辅助软件

1. Cut And Slice Me

Cut And Slice Me 是应用于 PS 中的一款切图插件，它支持导出 PC 端、Android、IOS 系统尺寸的切图，可以在切图工作中大大提升我们的工作效率。

2. MarkMan

MarkMan 是一款方便高效的标注工具，它可以极大节省设计师在设计稿上添加和修改标注的时间。

3. Kuler

Kuler 是一款包含了数百种颜色的颜色托盘，它由 Adobe Air 应用程序中的社区用户团体精心打造，传承经典。每一位用户都可以根据自己的喜好来归类整理颜色，既可以随机排列，又可以归纳整理，还可以创建最新数据（创建属于设计部分和颜色选择的最潮流颜色和模块）。

4. Corner Editor

Corner Editor 是一款 PS 圆角编辑插件，它可以自定义圆角，相对于 Photoshop CC 版的自带功能，而 Corner Editor 在形状变形的情况下还可以编辑圆角，而 Photoshop CC 版本中则不能，Corner Editor 显得更为方便实用。

本章小·结

本章主要从 UI 设计出发，讲解 UI 设计的相关知识。第一小节主要介绍 UI 界面设计的步骤、规则、原则以及 UI 相关概念。第二小节对 UI 界面设计的方法进行了整理归纳，第三节主要介绍了用户体验与 UI 界面设计的关系，用户体验在 UI 设计中占有非常重要的作用。最后一节主要介绍 UI 界面设计中的常用工具。初学者通过本章的学习，有助于系统地了解 UI 界面设计相关知识，对后续章节的学习至关重要。

◆ 课后实践任务

1. 查阅 UI 设计相关书籍，以及 UI 设计相关网站、公众号。
2. 完成 Photoshop 2015 以上版本的软件安装。

第二章　UI界面设计常用元素制作

第一节　常用图形制作

　　本小节主要对UI界面设计中常用图形进行介绍以及绘制步骤详解。这里包括了不同应用平台UI界面中常用图形，有PC端系统界面、应用软件界面、网页界面常用图形，以及移动端的UI设计中常用图形等。案例制作主要有圆形、正方形、长方形、圆角矩形、组合形状、直线、其他形状等。

　　图形在UI界面设计中的应用范围很广，如图标、按钮、自定义控件、界面边框的制作等，都涉及基础图形的绘制。图2-1至图2-5所示为UI设计中运用到这些基础图形的界面元素。

图2-1　圆形的应用

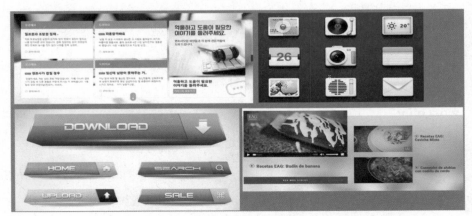

图2-2　长方形的应用

图2-3　正方形的应用

图2-4　组合图形

图2-5　圆角矩形图标

　　不同风格的图标设计能带给用户不一样的视觉感受，如我们常见的扁平化风格与拟物化风格。据调查显示，在数字媒体全面展开的时代，信息量繁多，人们开始更愿意使用简洁的UI界面，扁平化的设计风格将是未来的主流发展趋势。（图2-6、图2-7）

图 2-6　扁平化风格图标

图 2-7　拟物化图标

图 2-8　win7 系统桌面小工具

基础图形的绘制是 UI 界面设计的基础。不同应用平台的各类 UI 界面设计都是在常用图形的基础上来进行设计的，因此，学习基础图形的绘制是非常重要也是必不可少的。（图 2-8 至图 2-10）

一、圆形、椭圆形

书中的案例制作部分主要运用了 Adobe Photoshop CC 以及 Photoshop CS5 的版本，后续不另作提示。在绘制圆形、椭圆形时使用椭圆工具即可根据需要绘制出椭圆形以及圆形（绘制圆形时，按住鼠标左键的同时需要按住【Shift】键），结合辅助线将鼠标箭头

图 2-9　移动端 APP 界面中的基础图形

图 2-10　网页界面中的图形

放在辅助线交叉点上，按住【Alt】+【Shift】键就可以绘制出多个同心圆。我们还可以根据需要在形状属性面板中设置图形的颜色、大小、形状细节、路径操作等选项。

1. 圆形、椭圆形

（1）启动软件后，新建一个背景色为白色的画布，尺寸可自定（图 2-11）。

（2）在软件工具面板中选择椭圆工具（图 2-12），在画布上按住鼠标左键拖动便可绘制出椭圆形，在椭圆属性面板可以设置相应的属性参数，如大小、颜色、描边等（图 2-13、图 2-14）。

（3）选择椭圆工具，按住【Shift】键加鼠标左键拖动，在画布上可绘制出正圆形，在属性面板可设置相应属性参数。

（4）按【Ctrl】+【R】键打开标尺工具，按住鼠标左键拉出十字交叉辅助线，选择椭圆工具，将鼠标点放置在辅助线十字交叉点上，按住【Shift】+【Alt】键，同时按住鼠标左键拖动以十字交叉点为圆心绘制正圆形，如需绘制多个同心圆，步骤同上。（图 2-15 至图 2-18）

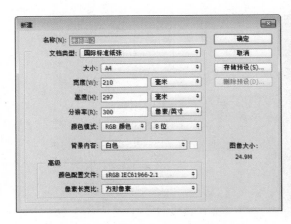

图 2-11　新建画布

图 2-12　椭圆工具

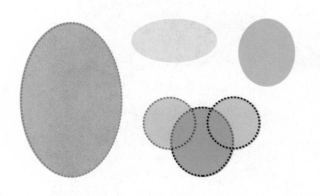

图 2-13　绘制出不同的椭圆形

图 2-14　椭圆属性面板

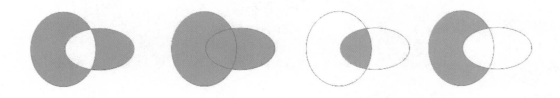

图 2-15　几个不同路径合并效果

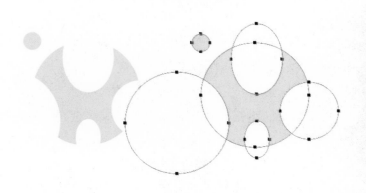

图 2-16　通过路径操作得到的形状

图2-17　多个正圆形　　　　　　　　　图2-18　绘制多个同心圆

2. 制作圆形小图标（图2-19）

（1）选择矩形工具，绘制一个正方形，边长为1000像素，填充灰颜色（R179、G179、B179）（图2-20）。

图2-19　圆形小图标最终效果　　　　图2-20　绘制正方形背景

（2）拉出十字形辅助线，选择椭圆工具，以十字交叉点为圆心绘制出一个正圆形，填充颜色为白色。

（3）新建一个形状图层，运用辅助线绘制出两个同心圆，路径操作下选择排除重叠形状，填充颜色为（R0、G160、B233）（图2-21）。

（4）新建一个形状图层，以十字交叉点为圆心绘制一个正圆形，填充颜色为（R0、G160、B233）（图2-22）。

（5）新建一个字体，输入字母m，字体选择如图2-23所示，颜色为白色。

（6）选中外侧圆形图层（图2-24），点击添加图层样式按钮，图层样式面板选择投影选项，设置参数如图2-25所示。

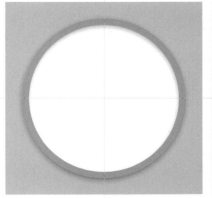

图2-21　绘制两个同心圆

图2-22　绘制一个同心圆　　　　　　图2-23　新建字母 m

图2-24　选择图层样式按钮　　　　　图2-25　图层样式面板设置

（7）选中外侧圆形图层，点击鼠标右键，选择拷贝图层样式，再选择文字图层，右击选择粘贴图层样式，最终效果完成（图2-26）。

图2-26　最终完成

✏ 小提示

　　初学者在进行制作时应该对每一个图层进行相应的命名工作，以便可以清楚地查看修改 UI 的各个元部件。由于时间关系，书中案例并没有全部对图层、文件名称进行命名，还请谅解。

二、正方形、长方形

1. 正方形、长方形

（1）启动软件后，新建一个背景色为白色的画布，尺寸可自定（图2-27）。

（2）在软件工具面板中选择矩形工具（图2-28），在画布上按住鼠标左键拖动便可绘制出长方形（图2-29），在椭圆属性面板可以设置相应的属性参数，如大小、颜色、描边等（图2-30）。

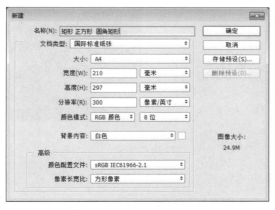

图2-27　新建画布

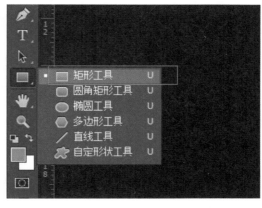

图2-28　选择矩形工具

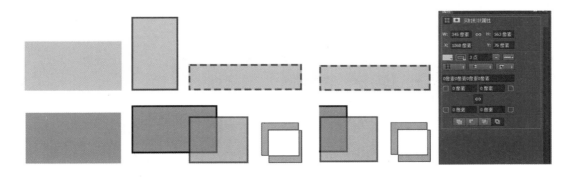

图2-29　绘制各种矩形

图2-30　属性设置面板

（3）选择矩形工具，按住【Shift】键加鼠标左键拖动，在画布上可绘制出正方形，在属性面板可设置相应属性参数。

（4）按【Ctrl】+【R】键打开标尺工具，按住鼠标左键拉出十字交叉辅助线，选择矩形工具，将鼠标点放置在辅助线十字交叉点上，按住【Shift】+【Alt】键，同时按住鼠标左键拖动以十字交叉点为中心绘制正方形。如若要在同一形状图层绘制多个形状，拖动鼠标前按住【Shift】键（图2-31）。

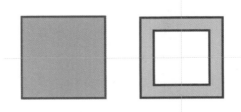

图2-31　绘制正方形

2. 制作矩形小图标（图2-32）

（1）新建一个白色背景画布，尺寸可自定。

（2）选择矩形工具，按住【Shift】键绘制一个正方形蓝色（R0、G160、B233）背景图形（图2-33）。

图2-32　矩形小图标最终效果　　　　　图2-33　绘制一个正方形蓝色背景

（3）选择矩形工具，新建一个白色长方形（图2-34）。

（4）选中白色长方形图层，添加图层样式——投影，设置参数，如图2-35所示。

  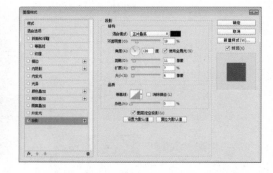

图2-34　再制一个纯白色长方形　　　　图2-35　添加投影图层样式

（5）选择钢笔工具，再绘制一个三角形，根据长方形调整好三角形的形状，如图2-36所示。

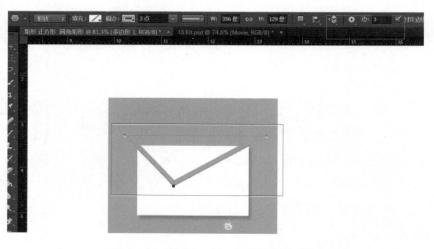

图2-36　绘制一个三角形并调整形状

（6）选择三角形图层，栅格化图层（图2-37）；按住【Ctrl】键鼠标左键点击长方形图层缩略图，建立选区，【Shift】+【Ctrl】+【I】反选，删除其他多余的形状，矩形图标制作完成（图2-38）。

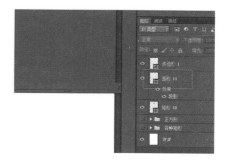

图2-37　栅格化图层　　　　　　　　　　　　　　　　图2-38　建立选区

三、圆角矩形

在绘制圆角矩形时，使用圆角矩形工具即可根据需要绘制出正圆角矩形以及其他圆角矩形（绘制正圆角矩形，按住鼠标左键的同时需按住【Shift】键）；还可以根据需要在形状属性面板中设置图形的颜色、大小、形状细节、路径操作等选项。

✏ **小提示**

在Photoshop CC中，当绘制出一个圆角矩形后，自带的属性面板中可以整体修改圆角的半径，也可四个角单独设置，这一点非常方便实用。而在Photoshop CS5中安装Corner Edit插件后，当绘制出圆角矩形后，对圆角矩形进行变形、选装操作后仍然可以通过Corner Edit插件来修改圆角半径，这是它的优势，也是在CC版本中做不到的。同样相对于CC版本，Corner Edit插件却不可以单独对每个圆角半径进行设置。

1. 绘制圆角矩形

（1）启动软件后，新建一个白色背景画布，尺寸可自定。

（2）选择圆角矩形工具（图2-39），按住鼠标左键可在画布上绘制出圆角矩形（图2-40），在属性面板可以对其颜色、圆角半径、描边等属性进行设置，圆角半径可以整体或者单独设置。

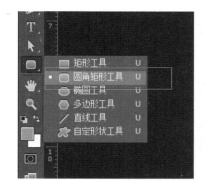
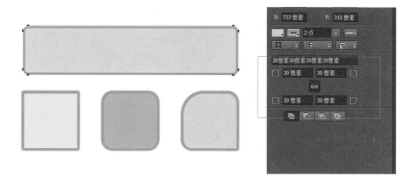

图2-39　选择圆角矩形工具　　　　　　　　　　　　图2-40　绘制出各种圆角矩形

（3）按住【Shift】键，便可绘制出正圆角矩形。在 Photoshop CS5 中 安装 Corner Edit 插件后，在圆角矩形变形后仍可以随意设置圆角数值，如图2-41所示。

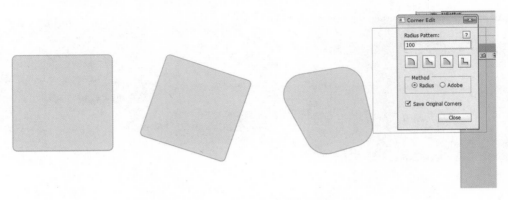

图2-41　可随意设置圆角数值

2. 使用圆角矩形工具制作图标（图2-42）

（1）新建一个白色背景画布，尺寸自定（图2-43）。

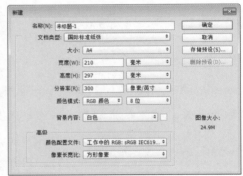

图2-42　圆角矩形图标最终效果　　　　　　图2-43　新建一个画布

（2）选择矩形工具，绘制一个长方形背景（R120、G44、B245）（图2-44、图2-45）。

图2-44　新建背景形状

图2-45　背景颜色参数

（3）选择圆角矩形工具，圆角半径设置为100像素，颜色为（R25、G122、B229）（图2-46、图2-47）。

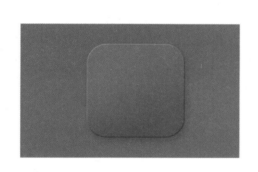

图2-46　新建正圆角矩形

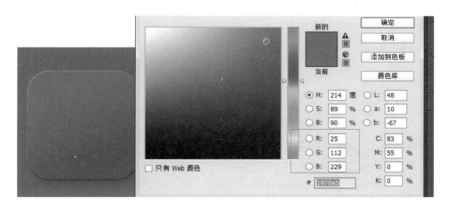

图2-47　圆角矩形颜色参数

（4）选中圆角矩形图层，添加图层样式，参数如图2-48至图2-50所示。

（5）选择椭圆工具，绘制出一个圆环，颜色为白色（图2-51），添加图层样式（图2-52、图2-53）。

（6）选择多边形工具，绘制出一个圆角正三角形，用直接选择工具调整至合适的形状。

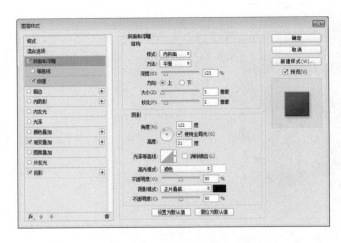

图 2-48　圆角矩形图层样式 1

图 2-49　圆角矩形图层样式 2

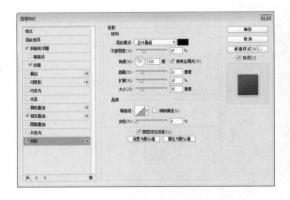

图 2-50　圆角矩形图层样式 3

图 2-51　绘制一个圆环

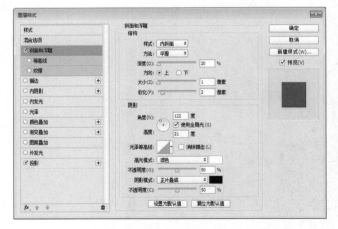

图 2-52　圆环的图层样式 1

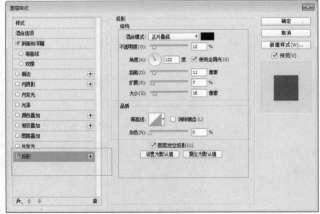

图 2-53　圆环的图层样式 2

✎ **小提示**

在选择多变形工具的时候，设置边数选项旁边有一个齿轮图标，点击打开设置面板后，勾选"平滑拐角"选项后，便可绘制出圆角三角形或者其他多边形（图 2-54、图 2-55）。

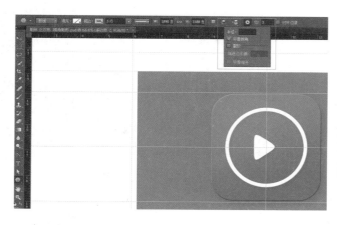

图 2-54　设置边数　　　　　　　　　　　图 2-55　绘制圆角正三角形

（7）按【Ctrl】+【J】键复制一个图层，将其拖至下一层，透明度设置为 80，按住【Ctrl】键点击上一个图层缩略图建立选区，删除多余的形状，将裁减后的三角形移动至合适的位置（图 2-56）。

（8）选中圆环图层，拷贝图层样式，再选中三角形图层粘贴图层样式。

（9）选中长方形背景，复制一个图层，将其移至最上一个图层，透明度调整为 15，点击圆角矩形图层缩略图，建立选区，反选，删除其他部分。这里其实相当于给整个图标添加了一个背景色滤镜效果，是希望图标的整体色调显得协调一些。（图 2-57）

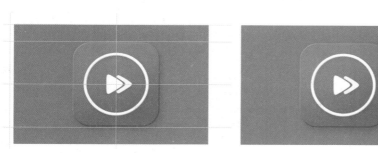

图 2-56　复制图层　　　　　　　　　　　图 2-57　图标最终制作完成

3. 使用圆角矩形制作小窗口音乐播放器（图 2-58）

（1）在制作图标的画布上，选择圆角矩形工具，绘制一个圆角矩形（图 2-59），颜色填充为径向渐变，颜色参数如图 2-60 所示。

（2）设置圆角矩形的图层样式，添加纹理（图 2-61）。

（3）复制图标的圆环、三角形图层（图 2-62）。

（4）新建一个文字图层，输入时间数值，调整合适的字体属性，添加图层样式，建立图层蒙版，选择渐变工具，自右往左拖动鼠标，得到一个渐变的效果（图 2-63）。

（5）复制文字图层，修改文字为 2020，调整文字大小与位置；再复制一个文字图层，修改文字内容为英文歌名、歌手名字，调整文字大小、位置（图 2-64）。

（6）再复制两个文字图层，输入【<】、【>】符号，调整到合适的位置，案例制作完成。（图 2-65）

图 2-58　播放器小窗口最终效果　　　　　　图 2-59　绘制播放器背景

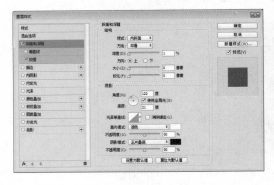

图 2-60　矩形背景的颜色设置　　　　　　图 2-61　矩形背景的图层样式参数

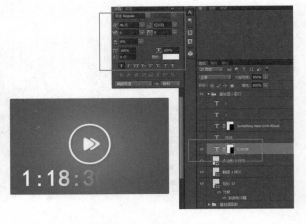

图 2-62　复制图标的形状　　　　　　　图 2-63　添加图层蒙版

图 2-64　拷贝图层

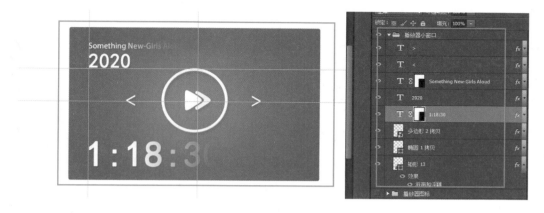

图 2-65 最终制作完成

四、组合图形

使用多种不同的形状工具绘制图形，根据需要将不同的形状进行适当组合，制作出新的形状，配合其他操作最终制作出我们需要的效果。组合图形需要用到的工具有：钢笔工具、矩形工具、圆角矩形工具、椭圆工具、多边形工具、直线工具、自定义形状工具。在 UI 界面设计中的背景图形、图标、控件设计等绘制过程中使用组合图形是必不可少的。

第二节 绘制组合图形

（1）启动软件后，新建一个白色背景画布，尺寸可自定。

（2）选择钢笔工具，按住鼠标左键可在画布上根据需要绘制出任意图形，在属性面板可以对其属性进行设置，用路径选择工具、直接选择工具、转换点工具可以修改钢笔工具绘制的图形形状。

（3）依次选择直线工具、矩形工具、圆角矩形、椭圆工具、自定义形状工具绘制组合图形（图2-66 至图 2-68）。其中，图 2-66 所示为运用多种形状工具绘制出组合形状；图 2-68 所示为运用多种形状工具制作出不同的组合形状。

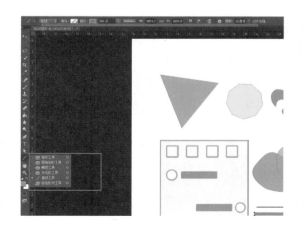

图 2-66 绘制组合形状

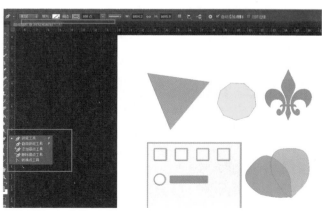

图 2-67 运用钢笔工具绘制图形

一、运用组合形状绘制长投影图标（图2-69）

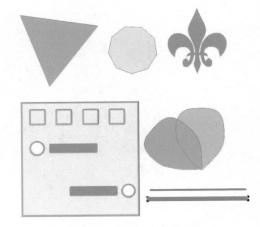

图2-68　制作不同的组合形状

✏️ **小提示**

通常我们在制作图标时，会使用十字辅助线工具，这样在绘制多个圆形或者圆角矩形时，可以按住【Shift】+【Alt】键，将鼠标箭头放在辅助线交叉点上进行绘制，就可以确保多个图形中心对齐。

（1）新建一个灰色背景画布文件，尺寸可自定。

（2）导入一张摄影图片，调整到合适的大小、位置（图2-70）。

图2-69　组合形状制作图标最终效果

图2-70　导入一张摄影图片

（3）选择圆角矩形工具，绘制一个圆角矩形，调整至合适大小后，移动至图片图层的下一层（图2-71）。

（4）选择图片图层，点击鼠标右键，创建剪切蒙版（图2-72、图2-73），背景图形制作完成。

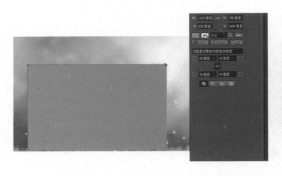

图2-71　新建圆角矩形　　　　　　　　　　　图2-72　创建剪切蒙版

（5）选择圆角矩形工具，新建一个圆角矩形，填充为蓝色。参数设置见图2-74、图2-75所示。

（6）选择椭圆工具，绘制一个正圆，填充为浅蓝色（图2-76、图2-77）。

（7）选择椭圆工具，运用组合图形绘制一个圆环，填充为白色（图2-78）。

（8）选择圆角矩形工具，绘制一个计时器时间点的图形，调整好位置、大小以及透明度（图2-79）。

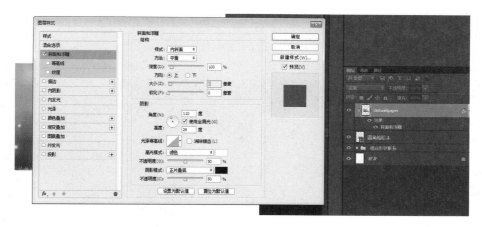

图 2-73　给图片层添加图层样式

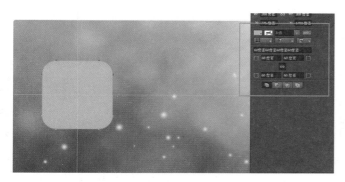

图 2-74　绘制一个圆角矩形

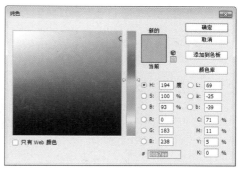

图 2-75　矩形填充颜色

图 2-76　新建正圆形

图 2-77　浅蓝色数值

图 2-78　绘制一个圆环

图 2-79　绘制一个圆角矩形

（9）拷贝3个时间点图形，依次调整好位置（图2-80）。

（10）选择文字工具分别输入对应的文字：9、MIN（图2-81）。

图2-80　拷贝3个圆角矩形图层　　　　　　　　图2-81　新建两个文字图层

（11）选择圆角矩形工具，绘制出计时器按钮图形，调整至合适的位置与大小（图2-82）。

（12）拷贝一个计时器按钮图形，调整位置、大小，设置图的透明度（图2-83）。

图2-82　绘制一个组合图层　　　　　　　　　　图2-83　拷贝一个形状图层

（13）选择钢笔工具，在计时器圆形图层下绘制图标长投影，调整好形状（图2-84）。

（14）按住【Ctrl】键，按鼠标左键点击蓝色圆角矩形图层缩略图，建立选区。

（15）选中长投影图层，添加蒙版。

（16）选中计时器图标所有图层，创建一个小组，命名为计时器图标，给小组添加图层样式，图标最终绘制完成（图2-85）。

图2-84　绘制一个投影形状　　　　　　　　　　图2-85　添加图层样式

（17）仿微信图标的绘制方法见图2-86至图2-95所示，在这里不再作详细步骤说明。

其中，图2-86所示为拷贝一个圆角矩形，修改填充颜色为绿色；图2-87所示为选中材质图层下方图层，再次复制图层，删除所有图层样式后再次添加新的图层样式——内阴影；图2-88所示为绘制一个椭圆形，填充颜色为白色；图2-90所示为绘制两个圆形，填充颜色与圆角矩形相同；图2-91所示为用椭圆工具组合形状绘制出三角图形；图2-92所示为选中四个图层拷贝，合并图层，得到一个复制的图形；图2-93所示为调整拷贝图形的大小、位置；图2-94所示为绘制长投影，添加矩形蒙版。

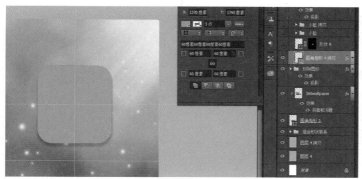

图2-86　拷贝一个圆角矩形　　　　　　　图2-87　选中材质图层下方图层

图2-88　填充颜色数值

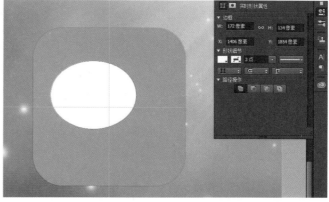

图2-89　绘制一个椭圆形

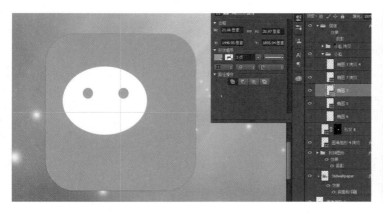

图2-90　绘制两个圆形

图2-91　绘制三角图形

图2-92　拷贝得到一个复制的图形

图2-93　调整拷贝图形

图2-94　添加矩形蒙版

图2-95　最终制作完成

二、其他形状

使用多种不同的形状工具进行适当组合，从而绘制出我们需要的新图形图像，这里主要指运用常见自带形状工具很难一次完成的形状。形状工具的绘制在图标绘制过程中是最常用的。

小提示

通常，设计者在绘制一个图标或者图形之前，都会进行前期的创意草图设计，确定之后才会在此基础上进行制作。有的设计师会在纸上直接手绘草图，而有的设计师则直接借助手绘板等工具直接在电脑软件中进行草图绘制。

1. 运用其他形状绘制UI图标（图2-96）

（1）运行软件后，新建一个白色背景画布，尺寸可自定（图2-97）。

图2-96　其他形状UI图标最终效果

图2-97　新建一个白色背景文件

（2）运用矩形工具绘制出一个长方形，设置其尺寸与颜色参数（图2-98、图2-99）。

图2-98　使用矩形工具绘制一个矩形　　　　　　　图2-99　矩形图形的相关参数

（3）选择椭圆工具，绘制出一个正圆形，颜色填充为白色（图2-100）。在绘制正圆形时需要结合鼠标左键与【Shift】键。

（4）根据白色圆形，拉出需要的参考线，便于我们绘制后面正圆形。再次选择椭圆工具，按住【Shift】＋【Alt】键中心对齐绘制出一个橙色正圆形，其相关参数见图2-101所示。

图2-100　绘制一个白色正圆形　　　　　　　图2-101　绘制一个橙色正圆形

（5）与上一步操作相同，再绘制出一个中心对齐正圆形，参数见图2-102所示。

（6）选择钢笔工具绘制出最上一层圆形的长投影，更改图层模式为正片叠底，调整合适的图层不透明度，之后在此图层上点击鼠标右键创建剪切蒙版（图2-103）。

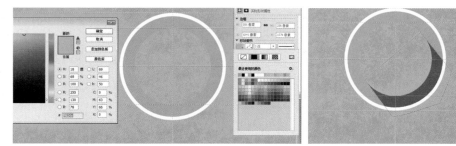

图2-102　再次绘制一个橙色正圆形　　　　　　　图2-103　绘制第一层圆形长投影

（7）同样的方法，绘制出白色圆形的长投影，并运用图层蒙版绘制出合适的渐变效果（图2-104）。

（8）笔尖部分的形状在这里主要运用钢笔工具来绘制，选择钢笔工具，绘制出左半部分的形状，结合椭圆工具绘制出中间圆形镂空的形状（图2-105）。

图2-104　绘制白色圆形长投影　　　　　　　　图2-105　绘制笔尖左半部分

（9）选择矩形工具，在笔尖图层上绘制一个较长矩形图层，填充白色，在属性面板设置合适的羽化数值（图2-106）。之后，创建剪切蒙版。

（10）拷贝笔尖左半部分形状图层，选择变换工具之后，水平翻转，移动至合适的位置，修改其颜色（图2-107）。

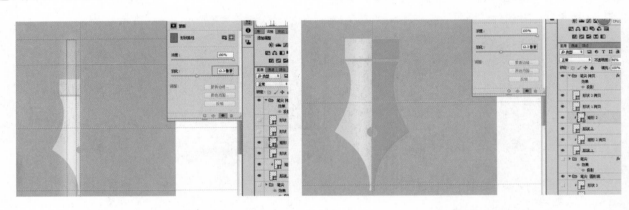

图2-106　绘制一个白色长矩形　　　　　　　　图2-107　拷贝得到笔尖右半部分

（11）选中笔尖部分的所有形状图层，放置在命名为"笔尖"的文件夹中，使用变换工具，调整其合适的大小、旋转角度、位置。添加投影的图层样式，详见图2-108、图2-109所示。

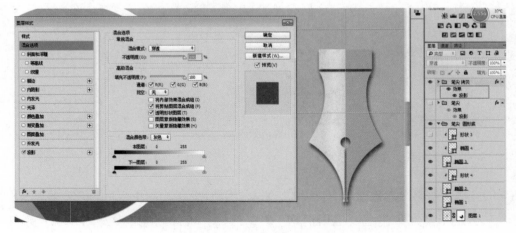

图2-108　添加投影图层样式

（12）绘制笔尖部分的长投影（图2-110），完成最终效果的绘制（图2-111、图2-112）。

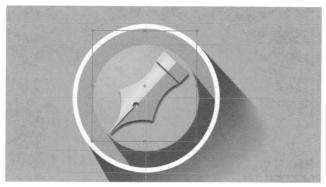

图2-109　调制笔尖位置及角度

图2-110　绘制笔尖长投影

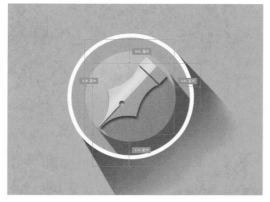

图2-111　完成最终效果的绘制

图2-112　完成最终效果的绘制

第三节　常用控件制作

控件在UI设计中是必不可少的界面元素（这里主要指用户界面控件），常用界面控件的制作在UI界面设计中是非常重要的。界面控件主要指在界面视图中具有执行功能或通过"事件"引发代码运行并完成响应功能的"元件"。通俗来说，就是人与界面直接产生交互行为的，可以控制或操作某一程序功能的元部件，如按钮、对话框、消息框、进度条、选项条、切换条等。本节将以上述几个常用控件的制作为例来讲解其制作步骤。

小提示

在运用Photoshop软件来绘制界面控件时，对图层样式的运用与相关选项设置的掌握至关重要。在下文案例制作中，希望初学者以理解图层样式的各选项作用与效果为主，在实践制作过程中不要只看参数，更多地还是以画面效果为准来灵活调节。（图2-113、图2-124）

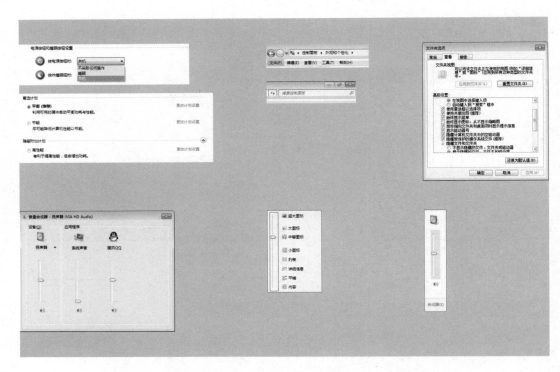

图 2-113   win 7 控件

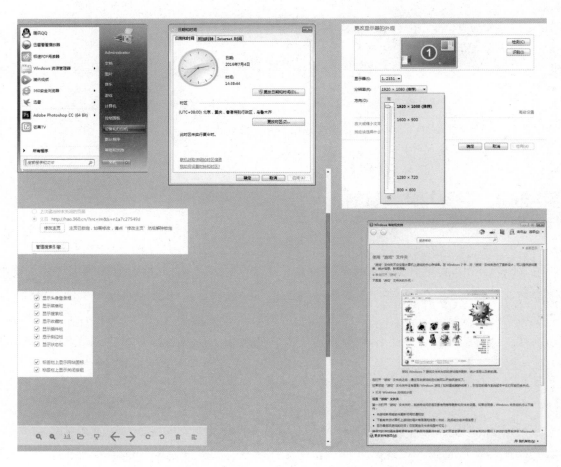

图 2-114   win 7 控件

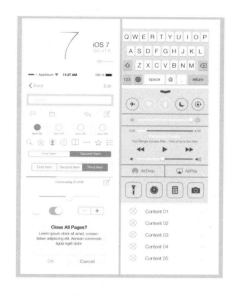

图 2-115   IOS 控件

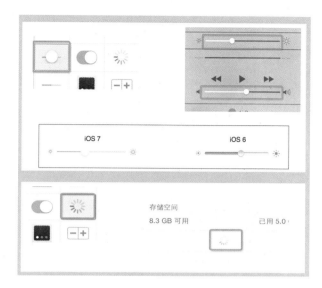

图 2-116   IOS 控件

图 2-117   安卓部分控件

图 2-118   安卓部分控件

图 2-119   其他应用型软件控件

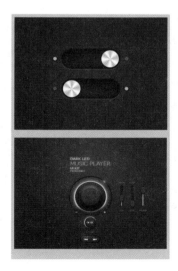

图 2-120   其他应用型软件控件

图 2-121   其他应用型软件控件

图 2-122   其他应用型软件控件

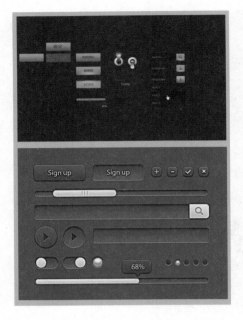

图2-123　其他应用型软件控件　　　　图2-124　其他应用型软件控件

一、按钮

按钮是界面控件一种最为常见的基础控件。按钮控件又可根据其属性的不同分为命令按钮、复选框、单选按钮、组框等，在不同系统平台的应用界面中随处可见。

1. 命令按钮（图2-125）

（1）新建一个白色背景文件，命名为"命令按钮"，参数设置见图2-126所示。

（2）新建一个灰色的图层，在图层样式中设置底纹效果，这一层作为按钮的背景层。（图2-127）

（3）选择圆角矩形工具，绘制一个灰色圆角矩形（图2-128），作为按钮的基本形态。圆角矩形参数设置见图2-129所示。

图2-125　命令按钮最终效果

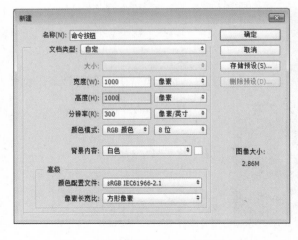

图2-126　新建一个白色背景文件

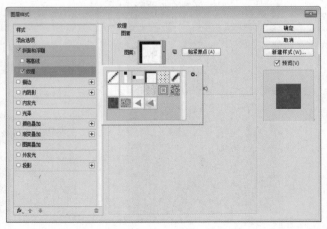

图2-127　在图层样式中添加纹理效果

图 2-128　选择圆角矩形工具绘制一个矩形

图 2-129　矩形填充颜色参数

（4）选中矩形图层，添加图层样式，在设置按钮立体效果时一定要注意光源方向与阴影位置的统一。其具体参数设置见图 2-130 至图 2-133 所。

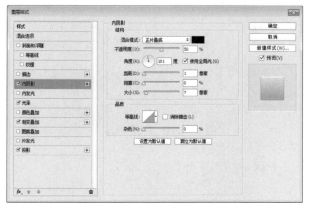

图 2-130　设置矩形图层属性 1

图 2-131　设置矩形图层属性 2

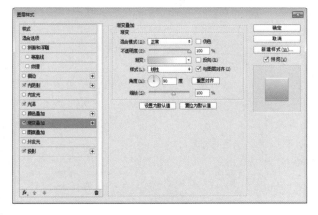

图 2-132　设置矩形图层属性 3

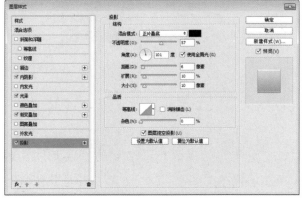

图 2-133　设置矩形图层属性 4

（5）选中文字工具，输入需要的文字，调整其合适的字体以及位置、大小等。其参数设置见图 2-134 所示。

（6）选中文字图层，添加图层样式。在这里需要制作一个向内凹陷的效果，具体参数设置见图 2-135 至图 2-137 所示。

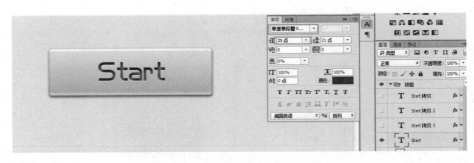

图2-134　新建一个文字图层

图2-135　文字图层样式1

图2-136　文字图层样式2

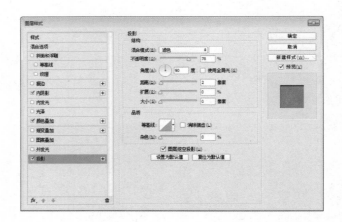

图2-137　文字图层样式3

（7）按钮作为界面与人交互的直接元件，通常会有3
至4种显示状态（图2-138），第一种是默认状态；第二种
是鼠标掠过时显示的状态；第三种是鼠标点击或按下时的
状态；第四种是不可用状态，通常作为静态的视觉暗示，
来告诉用户此按钮当前是不可用的，除非达到某个条件后
它才被激活。第四种状态按钮形态出现的场景较少，大多
数界面设计考虑到好的用户体验，一般都会避免这种状态
按钮，以免带给用户不好的使用体验。

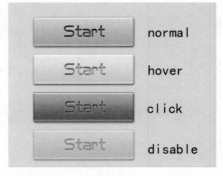

图2-138　按钮的四种不同状态

（8）通过复制图层，我们依次复制出四个按钮，为了状态之间能区别开，可以通过调整亮度、对比度、颜色等来达到。第二种当鼠标掠过时的状态，文字部分的绿色发光效果在图层样式添加了颜色叠加以及发光的效果，具体参数设置见图2－139至图2－142所示。

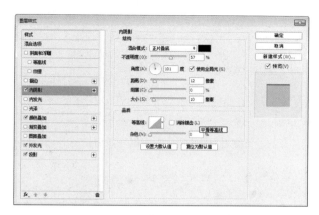

图2－139　发光文字效果设置1

图2－140　发光文字效果设置2

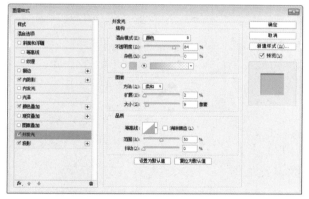

图2－141　发光文字效果设置3

图2－142　发光文字效果设置4

2. 单选按钮（图2－143）

单选按钮也是一种常见基础控件。在这里主要绘制出默认、掠过、按下三种状态。

（1）选择椭圆工具，绘制一个灰色正圆形（图2－144），设置合适的图层样式，具体参数设置见图2－145、图2－146所示。

图2－143　单选按钮最终效果

图2－144　选择椭圆工具绘制一个正圆形

（2）再次绘制出一个正圆形，位于上一个圆形之上，中心对齐，这个圆形作为按钮凹陷部分（图2－147）。

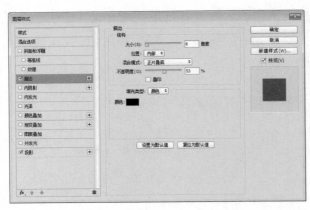

图 2-145　设置圆形图层样式 1

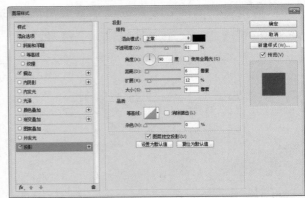

图 2-146　设置圆形图层样式 2

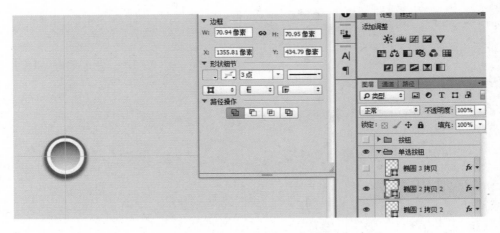

图 2-147　绘制按钮凹陷部分

（3）选中凹陷部分图层，添加图层样式，具体参数设置见图 2-148 至图 2-151 所示。

（4）选中椭圆工具，绘制出第三个正圆形，这一部分是凸出的蓝色按钮部分（图 2-152、图 2-153）。

（5）选中图层设置蓝色按钮凸出部分的图层样式，具体参数见图 2-154 至图 2-156 所示。

（6）最终效果完成后，通过复制图层，我们可得到三套相同的按钮，再根据需要进行适当删减、调整，便可得到最终的单选按钮的三种状态（图 2-157）。

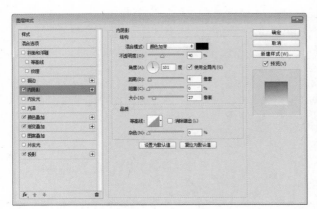

图 2-148　凹陷部分的图层样式设置 1

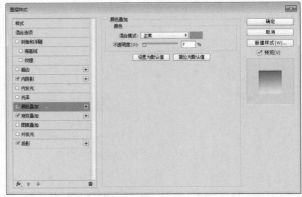

图 2-149　凹陷部分的图层样式设置 2

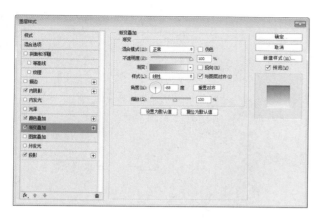
图 2-150　凹陷部分的图层样式设置 3

图 2-151　凹陷部分的图层样式设置 4

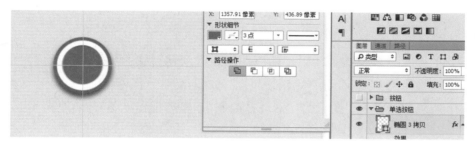
图 2-152　绘制蓝色按钮部分

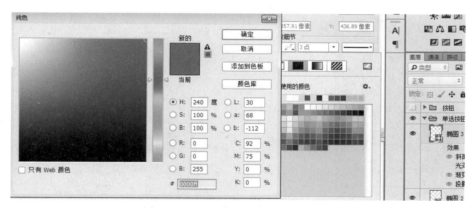
图 2-153　蓝色按钮部分颜色数值

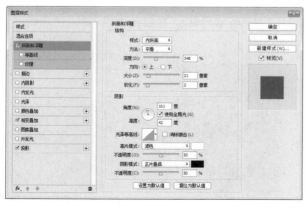
图 2-154　给蓝色按钮图层添加图层样式 1

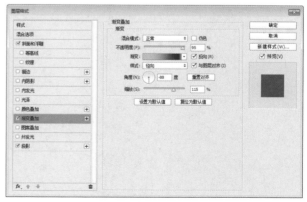
图 2-155　给蓝色按钮图层添加图层样式 2

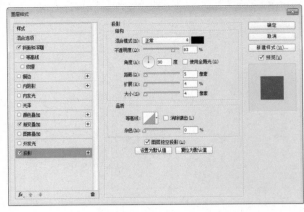

图2-156　给蓝色按钮图层添加图层样式3　　　　图2-157　复制图层，得到三种状态按钮

二、对话框

在信息数字化的今天，移动端智能设备的应用已经大众化，我们生活中每天面对的社交软件都离不开对话界面。下面将使用 Photoshop 来绘制我们常见的对话框（图2-158）。

（1）新建一个白色背景文件，命名为"对话框绘制"，参数设置见图2-159所示。

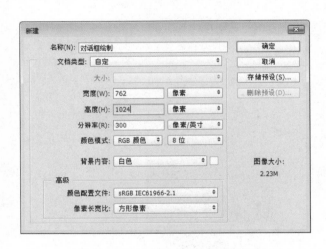

图2-158　对话框最终效果　　　　　　　图2-159　新建一个白色背景文件

（2）新建一个图层，填充为灰色，这一层主要当作对话框界面的底背景（图2-160）。

（3）选择圆角矩形工具，绘制一个矩形，作为对话框界面基本形状，参数见图2-161所示。

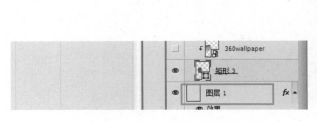

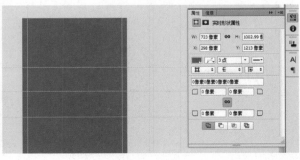

图2-160　新建一个灰色背景图层　　　　　　图2-161　绘制一个矩形

（4）导入背景图片素材，放置在矩形图层之上，调整合适的位置、大小（图2-162），选中所在图层，点击鼠标右键，在弹出的菜单中选择"创建剪贴蒙版"选项（图2-163）。利用剪贴蒙版的优势在于，当图片与剪贴形状合并后，仍然可以根据需要调整两者之间的大小、位置关系等，而且图片素材没有进行任何切割。

图2-162　导入一张照片素材并调整　　　　　　　　　　　图2-163　创建剪贴蒙版

（5）选择椭圆工具，结合参考线，绘制出正圆形用户头像（图2-164），导入图像照片素材，与上面同样的操作步骤来创建剪贴蒙版（图2-165、图2-166）。

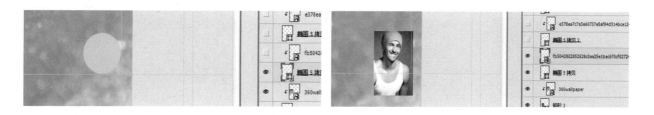

图2-164　绘制用户头像基本形状　　　　　　　　　　　　图2-165　创建剪贴蒙版

（6）依次创建出另两个同样的头像圆形，并改变其中一个图片素材（图2-167）。

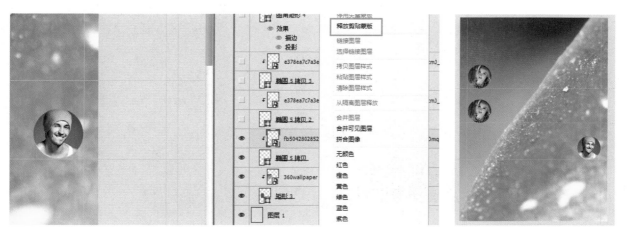

图2-166　创建剪贴蒙版　　　　　　　　　　　图2-167　绘制另外两个用户头像基本形状

（7）选择圆角矩形，绘制出对话框的形状（图2－168），添加相关图层样式，参数设置见图2－169、图2－170所示。

图2－168　绘制对话框基本形状　　　　　图2－169　对话框图层样式设置1

（8）新建文字图层，输入需要的文字，调整合适的位置、字体属性。依次复制另两个对话框基本形状，如图2－171所示。

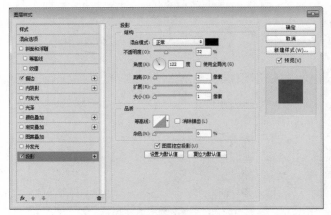

图2－170　对话框图层样式设置2　　　　　图2－171　依次复制另两个对话框基本形状

（9）选中最后一个对话框，在图层样式中更改颜色叠加设置，使其效果区别于另一用户的对话框颜色（图2－172）。

（10）依次输入文字，设置合适的字体属性，完成最终效果绘制（图2－173）。

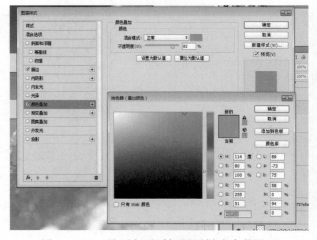

图2－172　最下方对话框图层样式参数设置　　图2－173　依次输入文字，设置合适的字体属性

三、选项条

其具体操作请扫描二维码。

四、滚动条

其具体操作请扫描二维码。

选项条、滚动条、滑动开关的制作

五、滑动开关

其具体操作请扫描二维码。

六、迷你播放器

我们在移动端会经常见到音乐、视频迷你播放器，这种播放器有异于类似"酷我""暴风影音"等播放器 APP，通常只执行简单的播放与控制功能，其界面构成与设计也相对简单。接下来使用 Photoshop CC 绘制一款视频类迷你播放器界面（图 2－174），播放器主要包括了主界面和控制按钮两个部分。

（1）新建一个白色背景文件，命名为"迷你播放器"，参数设置见图 2－175 所示。

图 2－174 迷你播放器最终效果图

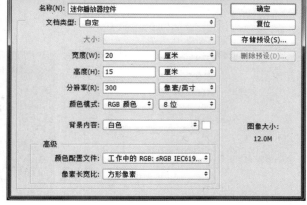

图 2－175 新建一个白色背景文件

（2）新建一个图层，填充深灰色，这一层是为了制作与播放画面一致的模糊背景效果（图 2－176）。

（3）将准备好的影视画面图片素材导入文件，复制两层，一层作为模糊背景，一层作为播放器主界面画面（图 2－177）。

（4）选中下一层影视画面图片图层，选中"滤镜"→"模糊"→"高斯模糊"，在弹出的面板中进行相应设置，本案例参数设置见图 2－178 所示。

（5）选中圆角矩形工具，绘制一个圆角矩形，作为播放器主界面形状图层（图 2－179），参数设置见图 2－180 所示。

（6）将另一层影视画面图片图层移动至主界面图层之上，右击鼠标右键，创建剪贴蒙版（图 2－181）。

（7）选择矩形工具，绘制出播放器界面上下控制区的面板形状，参数设置见图 2－182 所示。

图 2-176　新建一个图层，填充灰色　　　　图 2-177　导入影视剧照素材

图 2-178　选择滤镜，模糊，高斯模糊　　　　图 2-179　绘制主窗口形状

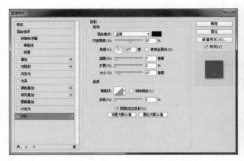

图 2-180　添加投影图层样式　　　　图 2-181　创建剪贴蒙版

图 2-182　绘制播放器上下控制面板区域形状

（8）接下来制作播放进度条。这里进度条具有三种状态，第一种是基本形态，第二种是已缓冲状态，第三种是已播放状态。这里主要用到形状工具来绘制，选择矩形工具，配合辅助线，绘制出第一种基本状态，调整合适透明度（图2-183）。依次绘制出另外两种状态，在颜色及明度上进行调整便可，参数见图2-184、图2-185所示。

图2-183　绘制播放进度控制条

图2-184　再次绘制一层进度条，提高亮度

图2-185　制作已播放进度效果

（9）进度条绘制完成，还需要绘制出播放进度控制按钮，选择椭圆工具，在合适的位置绘制出一个白色正圆形，设置透明度（图2-186）。

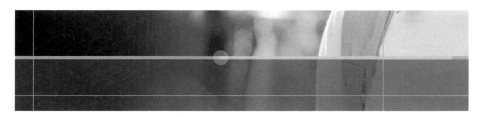

图2-186　绘制一个正圆形并调整

（10）再次选择椭圆工具，绘制出一个正圆形，作为播放进度控制按钮，如图2-187所示。设置图层样式效果，参数见图2-188、图2-189所示。

（11）播放按钮的绘制，选择椭圆工具绘制出播放按钮的基本形状（图2-190），在图层样式中进行效果设置，参数见图2-191至图2-194所示。

图2-187　绘制播放进度控制按钮

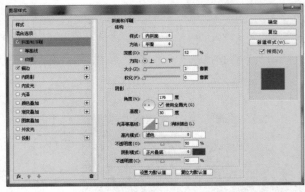

图 2-188　设置进度控制按钮样式 1

图 2-189　设置进度控制按钮样式 2

图 2-190　绘制播放器

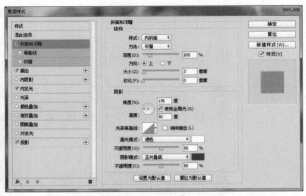

图 2-191　设置播放控制按钮图层样式 1

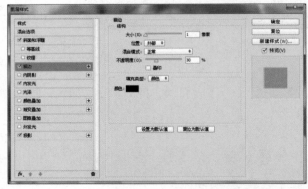

图 2-192　设置播放控制按钮图层样式 2

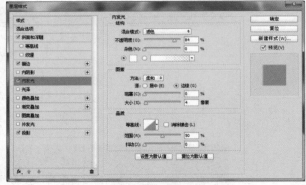

图 2-193　设置播放控制按钮图层样式 3

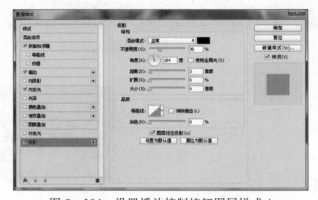

图 2-194　设置播放控制按钮图层样式 4

（12）选择多边形工具，绘制播放按钮中间的三角形形状（图2-195），设置合适颜色及图层样式的效果，参数见图2-196所示。

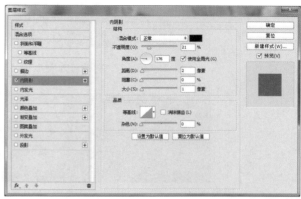

图2-195 绘制三角形　　　　　　　　　　　图2-196 设置三角形图层样式1

（13）完成中间播放按钮的绘制后，再绘制左右两边的快进、后退按钮。下面绘制左边后退按钮，选择椭圆工具，绘制一个白色正圆形，调整透明度，选择文字工具，输入"I""<"字符，设置图层样式效果（图2-197）。

（14）绘制右边快进按钮，可复制左边按钮，选中左边按钮形状图层及符号图层，按【Ctrl】＋【J】键复制，变换工具，进行水平翻转（图2-198）。

图2-197 绘制左边播放控制快进按钮　　　　　图2-198 绘制右边播放控制快进按钮

（15）绘制全屏播放控制按钮(图2-199、图2-200)，选择自定义形状，找到箭头形状，进行绘制，调整合适的位置、大小，复制箭头图层，调整方向、位置，完成制作。

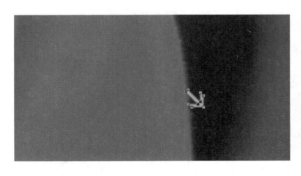

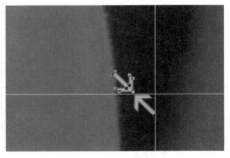

图2-199 绘制一个箭头　　　　　　　　　图2-200 制作播放器全屏播放控制开关

（16）声音控制图标按钮的制作（图2-201、图2-202），选择钢笔工具，绘制出小喇叭的图形，选择文字工具输入")"字符，再复制一层，使小喇叭图标按钮更完整。

（17）在播放器面板左下角通常会显示时间，下面开始制作显示时间。选择文字工具，输入播放时间及影片总时长，调整总时长文字的透明度（图2-203）。

图2-201　绘制声音控制按钮

图2-202　输入括号字符

图2-203　输入影片的总时长及播放时间点

（18）接下来绘制播放器面板上端相关图形，选择文字工具输入"＜"字符，调整合适的大小及图层样式效果，放置在上端控制区域左侧，作为后退按钮（图2-204）。

（19）选择文字工具，输入影片片名，放置在上端控制区中心位置（图2-205）。

（20）字幕控制按钮的制作，先绘制出一个圆角矩形，再选择文字工具输入文字即可，参数及效果见图2-206所示。

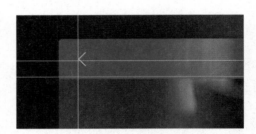

图2-204　制作一个后退的简易控件

图2-205　依次制作片名、字幕显示控件

图2-206　最终效果制作完成

一、图标的含义

百度百科对图标的定义有明确解释，一般有广义和狭义之分。广义上的图标通常指具有一定指代性的标识性图形，它不仅是一种图形，也作为一种标识，具有高效、快捷传递信息的作用。学校的校徽、企业 logo、国家的国旗、交通标志等都属于图标的范畴。而狭义的图标则主要指 UI 界面中的图标。

随着计算机的诞生，图标拥有了新的含义，在 UI 界面中图标又称为 ICON，它可以帮助用户快速执行某一操作命令和打开程序文件，单击或者双击图标便可执行一个命令。它包括了程序图标、数据图标、命令选择、切换开关、状态指示等。图标一般都具有包含透明区域的属性。它的功用在于建立起计算机世界与真实世界的一种隐喻，或者映射关系，应能被用户轻松准确理解。其指向的映射关系应该尽可能的直接、简单，同一系列图标的映射模式应统一。

通常一个好的图标设计在 UI 界面设计中占有非常重要的作用，它可能关系到软件的辨识度、用户印象，以及软件的形象与信息传递，好的图标设计会直接决定 UI 界面的整体视觉审美。本文所指图标主要是 UI 界面中的图标。（图 2－207 至图 2－210）

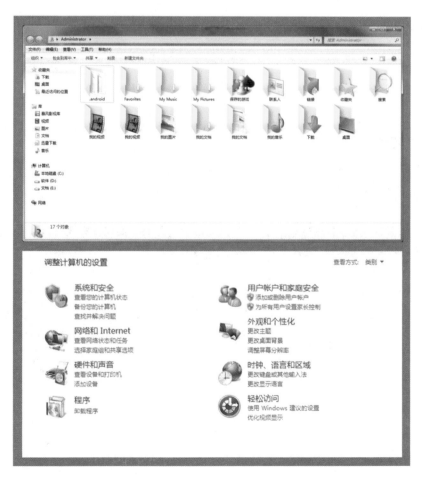

图 2－207　win 7 图标 1

图 2-208　win 7 图标 2

图 2-209　IOS 图标

图 2-210　Android 界面图标

二、图标设计规范

在不同的应用平台，图标都有一套标准的设计尺寸规范，现如今由于智能设备的多样性，需要图标在同一系统平台下具有多种尺寸格式。下面主要对几大常见系统图标的常规尺寸及设计规范进行简要介绍。

1. 图标的常见尺寸规范（单位：px）

（1）Windows XP

48px × 48px，32px × 32px，24px × 24px，16px × 16px。

（2）Win7

256px × 256px，128px × 128px，32px × 32px，16px × 16px。

（3）iPhone 图标尺寸（括号内为圆角半径）（图 2-211）

1024px × 1024px（180px），512px × 512px（90px），114px × 114px（20px），57px × 57px（10px），58px × 58px（10px），29px × 29px（5px）。

（4）iPad 图标尺寸（括号内为圆角半径）（图 2-212）

1024 × 1024 px（180 px），512 × 512 px（90 px），144 × 144 px（24 px），72 × 72 px（12 px）。

（5）Android 图标尺寸

Xxhdpi：144px × 144px，xhdpi：96px × 96px，hdpi：72px × 72px，mdpi：48px × 48px，ldpi：56 px × 56px。

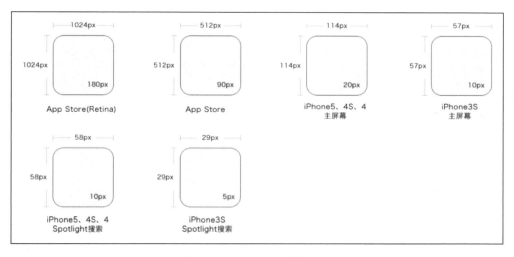

图 2-211 iPhone 图标尺寸

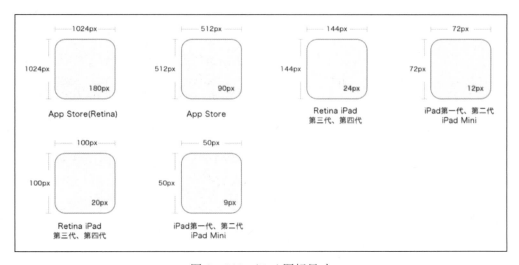

图 2-212 iPad 图标尺寸

当我们在 Photoshop 中进行图标制作时，新建一个文件，在弹出面板中会有宽度与高度尺寸、分辨率、颜色模式及位数的设置、颜色配置文件、像素长宽比等设置。宽度和高度我们可按照标准的尺寸规范设置，如 1024px × 1024px，而分辨率与颜色通道位数的设置通常会成为困扰初学者的问题，在这里分辨率的设置主要是针对打印而言的，例如 1024px × 1024px，其实就是图标的像素尺寸，所以在分辨率一栏中直接用默认设置 72 即可。在 PS 中颜色通道位数是一种颜色深度的表示，也是颜色质量的单位。2 位为黑白，8 位为 256 色，以 8 位的倍数来定位，最大为 32 位。位数越高，颜色分得越细，颜色就越多。我们可根据不同场景和需要来设定。通常设定为 8 位就足以满足眼睛对颜色的分辨需求。所以新建一个图像文件大多设定为 8 位，默认也是 8 位。但有时考虑到色彩的丰富程度与细节也会设置到 32 位。（图 2－213）

图 2－213　分辨率及颜色通道位数问题

2. 图标文件的常见格式

（1）PNG 格式图标

PNG（Portable Netowrk Graphics），可移植的网络图像文件格式，是 Macromedia 公司出口的 Fireworks 的专业格式，这个格式使用于网络图形，支持背景透明，但是不支持动画效果。

（2）ICO 格式图标

ICO（Icon File），Windows 使用的图标文件格式。这种文件格式被广泛用在 Windows 系统的 dll、exe 文件中，只有 Windows XP 以上的系统才支持带 Alpha 透明通道的图标。

（3）ICL 格式图标

ICL 文件是一个改了名字的 16 位 Windows DLL（NE 模式），里面除了图标什么都没有，可以将其理解为按一定顺序储存的图标库文件。ICL 文件在日常应用中并不多见，一般是在程序开发中使用。ICL 文件可用 Iconworkshop 等软件打开查看。

（4）IP 格式图标

IP 是 Iconpackager 软件的专用文件格式。它实质上是一个改了扩展名的 RAR 文件，用 WinRAR 可以打开查看（一般会看到里面包含一个.iconpackage 文件和一个.icl 文件）

三、图标设计技巧与常见问题

图标设计属于 UI 界面设计工作中的一部分，图标设计工作自然也是参与到 UI 设计的工作流程之中，从前期的需求分析阶段开始一直到详细设计阶段。

（1）了解用户需求及目标，明确产品定位，确定图标设计风格

在 UI 设计的前期需求分析阶段，我们会进行市场调研、用户分析、用户需求分析等多项前期工作，以便确定产品的定位，包括用户群体分析、产品视觉风格、产品的功能定位等。

例如一款针对少年儿童的益智游戏，那么这款游戏的视觉风格一定不会像商务类型 APP 的视觉风格一样，而是朝卡通化、阳光的、简易的方向靠近。图标设计的工作其实在这一环节就开始着手准备了。（图 2-214 至图 2-219）

（2）情绪版、关键词，头脑风暴，创意设计

这一部分其实和第一章中讲到的 UI 界面设计

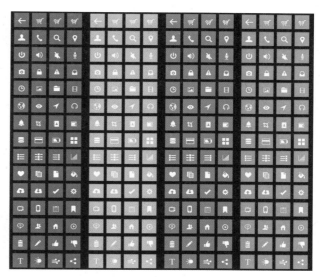

图 2-214　不同风格图标

流程类似，因此在进行图标设计时也可以用这种方法进行创意、整理、设计。在得到产品的定位后，我们可以运用情绪版、关键词的方法，将一些定位具象化，同时整理出相关的色彩、图形、符号等，再以小组式头脑风暴进行无限的创意设计。创意往往是无价的，也是让我们的生活变得不断美好的源泉。在这阶段我们可以用铅笔在草稿纸上绘制出一些不成形的创意草图设计方案（图 2-220）。

（3）草图设计整合，确定设计方案

在进行创意设计的时候，往往会得到多个草图设计方案，这时需要进行综合对比、小组会议讨论，最后来确定设计方案，从创意到设计方案的确定其实是一个较为繁复烧脑的过程，好的创意设计并不是灵感闪现，既而有之。而是经过了大量的案例赏析、项目实战经验的积累后，运用一定的创意思维方法才能得到。

四、利用相关软件进行详细设计，并尝试不同的配色方案

有了明确的设计方案以后，便可以运用相关专业软件进行详细绘制，最为常用的主要有Photoshop、AI、CorelDRAW，有一些较真实的三维效果图标也会运用三维软件来辅助设计，例如常见的 3DS MAX、MAYA 、C4D 等三维软件。当我们有了明确的设计方案以后，再用设计软件中进行详细绘制，只要掌握一定的软件绘制技巧，总会得心应手。在这里可借助软件的优势，不妨尝试一下不同的配色效果，可能会有意想不到的收获。（图 2-221）

五、图标设计中的常见问题

初学者在进行图标设计时，经常会犯一些比较初级的错误，导致图标设计中出现很多问题图 2-222、图 2-223，下面总结了一些进行图标设计需要注意的地方。

（1）保持简洁，避免元素繁杂。简洁的设计才有更长的生命力，简洁并不意味着简单，而是在保证传递信息的同时尽量避免元素的繁杂，越简单越好。

（2）注意保持光影、透视的一致性。这是一个较为常见的常识性问题，即使是有一定美术基础的初学者也需要注意，在进行图标设计时务必保持光影、透视的一致性，光源位置、阴影、反光、倒影、透视等。

图 2-215　写实风格图标 1

图 2-216　写实风格图标 2

图 2-217　卡通风格图标

图 2-218　游戏风格图标

图 2-219　扁平化图标

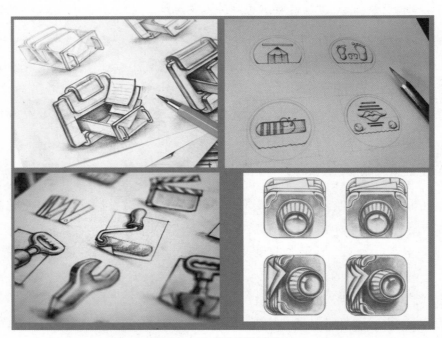

图 2-220　图标设计草图

（3）同一套图标风格一致。在设计同一套、同一系列图标时，务必保持每个图标之间的风格统一，包括它们之间的形状风格、色彩、大小等。

（4）画面饱满，有细节。相对于第一点，这里主要针对一些图标内容空洞、图形比例过小、辨识度低的问题，所以在进行设计时尽量利用有限的画面，使整个图标看起来简洁、饱满、生动。（图2-224、图2-225）

图2-221　尝试不同的色彩

图2-222　常见的问题图标1

图2-223　常见的问题图标2

图2-224　好的图标设计

图2-225　好的图标设计

六、运用 Photoshop 绘制不同风格的图标

图标的风格多种多样，各有特色。本书图标案例制作部分将制作出常规型、扁平化、卡通风格、材质型、写实图标五种类型的图标。在文字制作步骤上采用最直接简单的语言来讲解，更多地还是希望读者通过详细制作步骤配图来学习，这样更加直观快捷、易懂。

1. 时钟图标（图 2-226）

（1）新建一个白色背景的空白文件，文件命名为"时钟图标案例制作"，其他参数见图 2-227 所示。

图 2-226　相机图标最终效果　　　　图 2-227　新建白色背景文件

（2）新建一个图层，按【Alt】+【Delete】键快捷填充为蓝色，这一层作为图标背景颜色（图 2-228）。

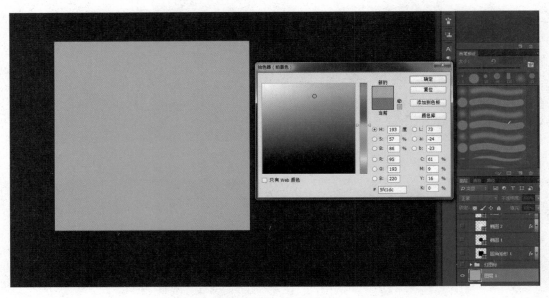

图 2-228　新建背景

（3）选择圆角矩形工具，借助十字形辅助线，绘制一个圆角矩形，填充为纯黑色，参数见图 2-229 所示。

（4）选中圆角矩形图层，为其添加一个图层样式，渐变叠加，参数见图 2-230 所示。

图 2-229　绘制一个圆角矩形

图 2-230　添加一个渐变叠加的图层样式

（5）选中椭圆工具，绘制一个正圆形，注意与下一层圆角矩形中心对齐，参数见图 2-231 所示。

（6）再次选择圆角矩形，绘制一个白色正圆形，参数见图 2-232 所示。

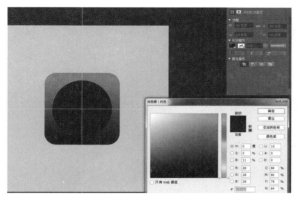

图 2-231　绘制一个正圆

图 2-232　再次绘制一个正圆

（7）选中白色正圆形图层，为其添加内发光、颜色叠加的图层样式，参数设置见图 2-233、图 2-234 所示。

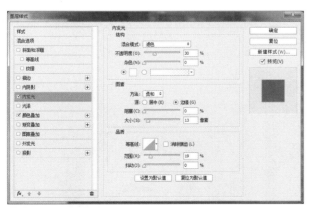

图 2-233　添加图层样式，内发光

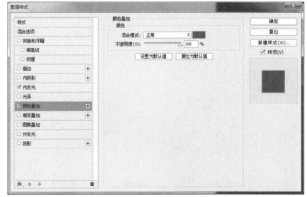

图 2-234　添加图层样式，颜色叠加

（8）选中圆角矩形，绘制出第三个正圆形，注意每个圆形之间的大小关系，参数见图 2-235 所示。

（9）选中第三个正圆形图层，添加一个内阴影的图层样式，参数见图 2-236 所示。至此时钟的钟面部分基本制作完成。接下来制作钟面的时间点和指针，这里时间点没有完全按照实际时间点来绘制。

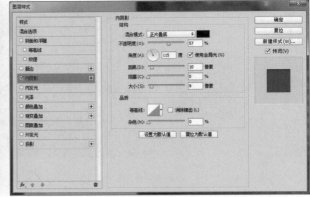

图2-235　再次绘制出第三个圆　　　　图2-236　为第三个正圆形图层添加图层样式

（10）时钟的时间点在这里直接选择椭圆工具来绘制，方便快捷，当然也可以先绘制出一个小圆点，再依次摆放。选择椭圆工具，设置无填充，描边为圆点虚线模式，绘制一个正圆形，设置圆点数值，具体参数设置见图2-237所示。

（11）选择椭圆工具，在画面正中心绘制一个正圆形，作为指针的中心点（图2-238）。

图2-237　绘制一个无填充，点描边的正圆形　　　图2-238　选绘制时钟指针中心点

（12）选择圆角矩形工具，绘制一个长的圆角矩形，作为时针（图2-239）。

（13）选择圆角矩形工具，绘制出时钟的分针（图2-240）。

图2-239　绘制时针　　　　　　　　图2-240　绘制分针

（14）最后再次选择椭圆工具，在中心点绘制一个红色正圆形，来作为指针外部中心点，使时钟的指针部分看起来显得完整（图2-241）。

（15）选择矩形工具，依次绘制出秒针（图2-242）。

（16）选择文字工具，输入时钟的英文字母，调整合适的字体及大小，本案例最终制作完成（图2-243）。

图2-241　绘制时钟指针中心点　　　图2-242　绘制时钟的秒针　　　图2-243　输入相应的文字，完成制作

小提示

在图标的案例制作部分，侧重于让大家熟悉掌握工具的使用，以及图层样式的效果设置。

实际上，设计师在进行创意设计时，是有一个从构思到草图再到电脑绘制的多个过程的，所以在初学阶段，要形成适合自己的解构思路。

2. 吊灯图标（图2-244）

（1）新建一个白色背景的空白文件，命名为"灯图标案例"。

（2）新建一个图层，填充为灰色，作为图标制作的背景层，参数见图2-245所示。

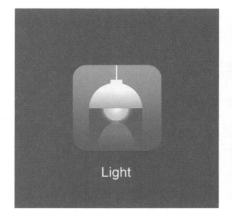 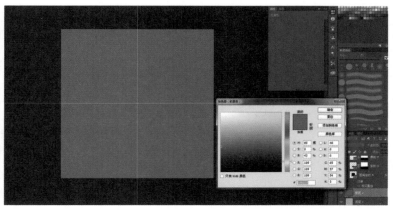

图2-244　吊灯图标最终效果　　　　　　图2-245　新建背景层

（3）选择圆角矩形工具，绘制一个圆角矩形，参数见图2-246所示。

（4）选中圆角矩形图层，添加渐变叠加的图层样式，参数见图2-247所示。

（5）利用组合形状绘制出灯罩部分的形状（图2-248），选中图层添加一个渐变叠加的图层样式，参数见图2-249所示。

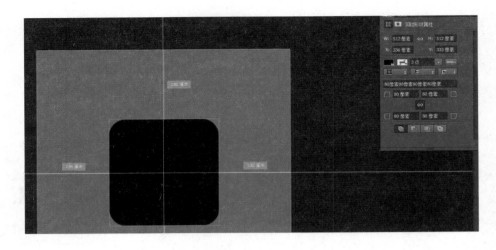

图 2-246　绘制一个圆角矩形

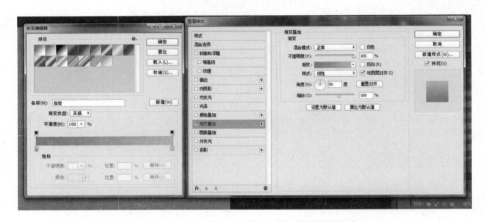

图 2-247　添加一个渐变叠加的图层样式

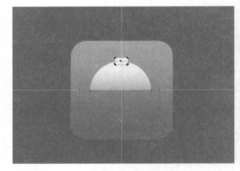

图 2-248　绘制出吊灯的灯罩部分　　　　图 2-249　添加渐变叠加图层样式

（6）选中矩形工具，绘制出灯罩上部的形状，使灯罩看起来更加完整（图 2-250）。

（7）灯罩部分制作完成后，开始制作灯泡和投影部分，在灯罩图层下新建一个图层，选中椭圆工具，绘制一个正圆形，参数见图 2-251 所示。

（8）选中灯泡形状图层，添加渐变叠加和外发光的图层样式，具体参数见图 2-252、图 2-253 所示。

（9）选中椭圆工具，绘制出灯的投影部分的形状（图 2-254），半透明及渐变的效果是通过图层透明度和图层蒙版来实现的，具体参数见图 2-255 所示。

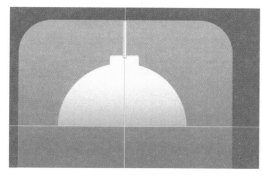

图2-250　绘制出灯罩上部的形状

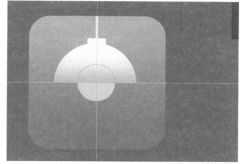

图2-251　选择椭圆工具，绘制一个正圆形

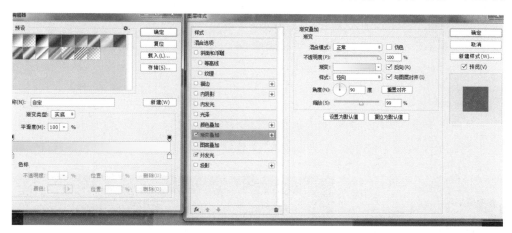

图2-252　选中灯泡图层，添加渐变叠加图层样式

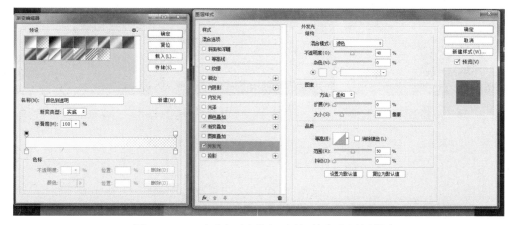

图2-253　选中灯泡图层，添加外发光图层样式

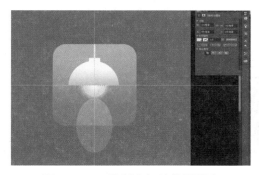

图2-254　绘制出灯的投影部分

图2-255　添加一个图层蒙版

（10）灯罩的长投影制作方法与上相同，参数见图2-256所示。

（11）选择文字工具，输入英文单词"Light"，最终效果制作完成。（图2-257）

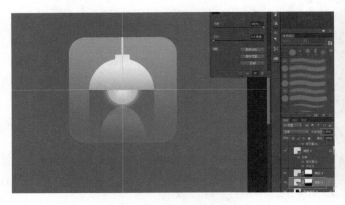

图2-256　绘制出灯罩的阴影部分　　　　　　图2-257　最终效果制作完成

3. 卡通熊猫图标（图2-258）

（1）新建一个白色背景文件，命名为"卡通风熊猫图标案例"。

（2）新建一个图层，填充为灰色，作为图标的背景层，参数见图2-259所示。

图2-258　卡通熊猫图标最终效果　　　　　　图2-259　新建一个图层，填充灰色

（3）本案例先可绘制一个卡通熊猫图标草图，以便作为绘制参考，草图为鼠标绘制，效果可忽略（图2-260）。

（4）选择圆角矩形工具，绘制一个圆角矩形（图2-261），作为图标基本形状，具体参数见图2-262、图2-263所示。

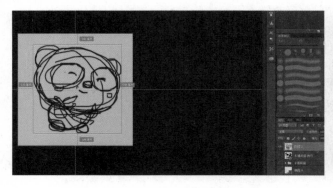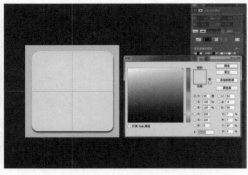

图2-260　绘制草图作为参考　　　　　　图2-261　绘制一个圆角矩形

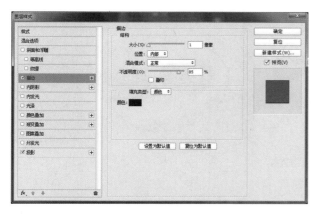

图2-262　添加图层样式，描边

图2-263　添加图层样式，投影

（5）绘制熊猫的头部，选中椭圆工具绘制出脸的基本形状（图2-264），填充为白色，添加内阴影图层样式，具体参数见图2-265、图2-266所示。

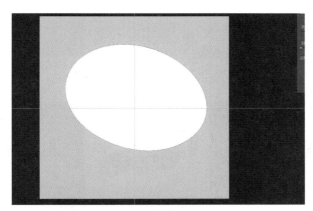

图2-264　绘制熊猫的脸的形状

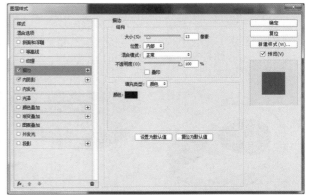

图2-265　选中椭圆形图层，添加图层样式，描边

（6）选择椭圆工具，绘制出左右黑眼眶的形状（图2-267、图2-268），注意这种不规则的眼眶形状可以运用"直接选择工具"选中椭圆的控制点进行调整。

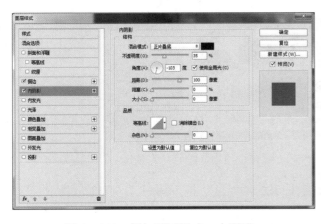

图2-266　添加图层样式，内阴影

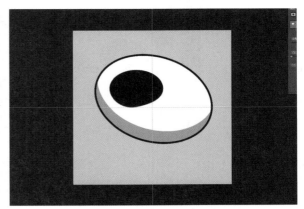

图2-267　选中钢笔工具，绘制出左眼眼眶形状

（7）选择钢笔工具，绘制出左右两边的眼睛部分形状（图2-269）。

（8）选择椭圆工具，绘制出鼻子的形状，参数见图2-270所示。

图2-268　选中钢笔工具，　　　图2-269　绘制出左右　　　　图2-270　绘制出熊猫
　绘制出右眼眼眶形状　　　　　两边的眼睛部分　　　　　　的鼻子部分形状

（9）选择椭圆工具，绘制出鼻子部分的高光，使鼻子的效果看起来显得完整（图2-271）。

（10）选择钢笔工具，绘制出嘴的形状，注意五官之间的大小比例以及表情的情绪（图2-272）。当然这种风格的图标，一定是可爱为妙。

（11）接下来，需要绘制熊猫的耳朵部分，但需要注意图层之间的前后关系，这里两只耳朵都位于脸的图层之下。选择椭圆工具，依次绘制出左右两边的耳朵，运用直接选择工具调整至合适的形状（图2-273、图2-274）。

（12）完成头部的绘制后，开始绘制身体以及四肢，选择椭圆工具，在头部下方的新建图层上绘制出身体的部分（图2-275），选中图层添加图层样式，参数设置见图2-276、图2-277所示。

图2-271　绘制出熊猫　　　图2-272　选中钢笔工具，绘制出嘴的形状　　　图2-273　绘制左边的耳朵形状
　鼻子的部分高光

图2-274　绘制右边的耳朵形状　　　图2-275　绘制熊猫的身体部分

（13）选择钢笔工具，依次绘制出熊猫的四肢，需要注意的是四肢之间的大小关系与姿态（图2-278）。

（14）接下来绘制竹子部分的形状（图2-279），先是竹节部分，选择钢笔工具，依次绘制出大小不同的三节竹子，为其图层添加图层样式（图2-280、图2-281）。

（15）选中钢笔工具，绘制出竹叶的形状（图2-282）。

（16）选中椭圆工具，绘制熊猫的投影形状，调整合适的透明度（图2-283）。

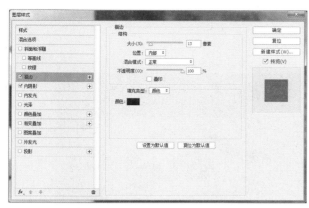

图 2-276　添加图层样式，描边

图 2-277　添加图层样式，内阴影

图 2-278　依次绘制出熊猫的四肢形状

图 2-279　绘制竹子的形状

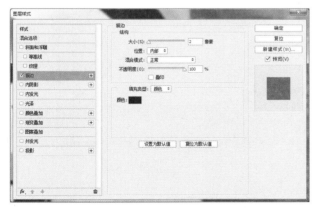

图 2-280　添加图层样式，描边

图 2-281　依次绘制出其他两节竹子的形状

图 2-282　绘制出竹叶，使竹子部分完整

图 2-283　绘制一个投影，调整透明度

（17）随后，选择矩形工具，在脸部绘制一小块红色的装饰图形（图2-284），完成最终效果制作（图2-285）。

图2-284　绘制一个红色矩形，作为脸部装饰　　　图2-285　完成最终效果的制作

4．天气图标（图2-286）

（1）新建一个白色背景文件，命名为"天气图标案例制作"，参数设置见图2-287所示。

 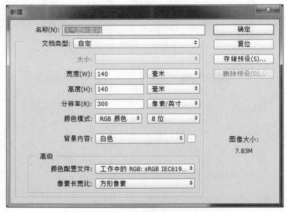

图2-286　天气图标最终效果　　　　　　　图2-287　新建一个白色背景文件

（2）新建一个图层填充为蓝色，颜色参数设置见图2-288所示。

（3）选中圆角矩形工具，绘制一个圆角矩形，作为图标的基本形状，参数见图2-289所示。

 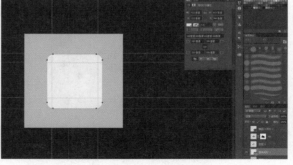

图2-288　新建图标背景层　　　　　　　图2-289　绘制一个圆角矩形作为图标基本形状

（4）导入一张金属效果材质贴图（图2-290），置于基本形状图层之上，选中图层后，点击鼠标右键，创建剪贴蒙版（图2-291）。

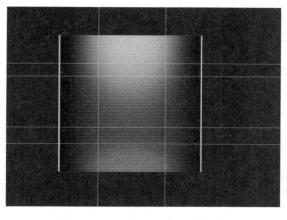

　　　图2-290　导入一张图片素材　　　　　　　　　图2-291　创建剪贴蒙版

（5）接下来需要制作出中间镂空的形状，这里主要运用图层载入选区的方法，选择组合形状工具，绘制出中间镂空部分的形状（图2-292）。

（6）依次选中镂空部分的形状图层，按住【Ctrl】键点击鼠标，载入图层选区，再次回到材质贴图图层，删除不需要的部分，完成镂空效果的制作（图2-293、图2-294）。

图2-292　绘制出中间镂空部分的形状　　图2-293　绘制出太阳光的形状部分　　图2-294　制作材质贴图图层中间镂空部分

（7）选中金属贴图效果图层，按住【Ctrl】键载入选区，在图层下方新建一个空白图层，填充为白色（图2-295），选中图层后，按住【Ctrl】+【J】键再次复制一层，这里主要为了制作出图标的厚度感。

（8）选中金属贴图图层下第一个图层，添加图层样式，参数设置见图2-296至图2-299所示。

（9）选中金属贴图图层下第二个图层，添加图层样式，参数设置见图2-300至图2-302所示。

（10）最后导入准备好的天空贴图素材，放置在图标基本形状图层的上一层，完成最终效果的制作（图2-303）。

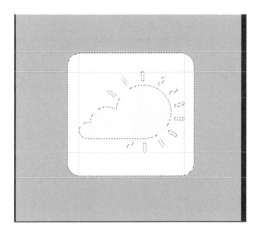

图2-295　新建图层填充为白色

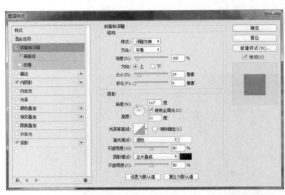

图 2-296　添加图层样式，斜面和浮雕

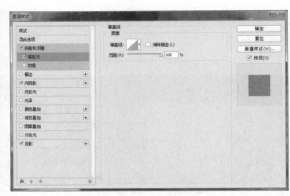

图 2-297　添加图层样式，等高线

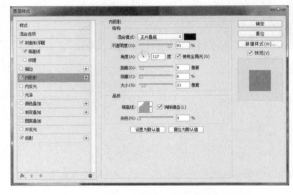

图 2-298　添加图层样式，内阴影

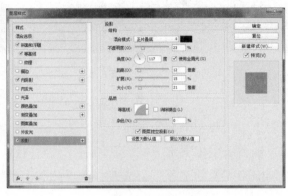

图 2-299　添加图层样式，投影

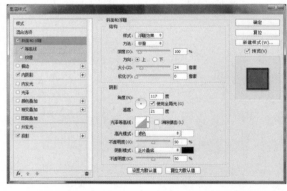

图 2-300　再次添加新的图层样式，斜面和浮雕

图 2-301　再次添加新的图层样式，等高线

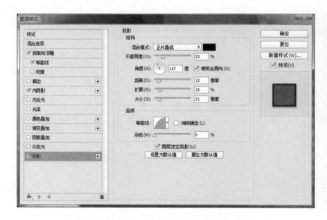

图 2-302　再次添加新的图层样式，投影

图 2-303　导入一张天空贴图素材

5. 可乐图标（图2-304）

可乐图标案例属于偏写实的拟物风格图标，通常这一类型的图标制作有多种方法，第一种是较为常见的方法，运用 Photoshop 直接来绘制出写实的图标效果，这其中可能会用到一些材质贴图的技法，但是这种方法对于制作者的美术功底以及软件熟练程度有很大的要求，制作步骤较为繁杂。其次就是，结合三维软件完成制作。本案例运用了 Photoshop 自带的 3D 图层功能来制作可乐图标，制作步骤相对较少。图标的制作主要分为两部分：金属底框部分和 3D 可乐罐部分。金属底框部分是运用 PS 形状工具结合材质贴图完成的；3D 可乐罐则是借助了软件自带的可乐罐模型来制作的，这有点类似三维软件的制作方法，因为直接在 Photoshop 中用自带 3D 功能来制作相对方便，但也有它的缺点，如三维图像成像的细节程度。

（1）新建一个白色背景空白文件，命名为"可乐图标案例制作"，参数设置见图2-305所示。

图2-304　可乐写实图标最终效果　　　　图2-305　新建一个白色背景文件

（2）新建一个图层，填充为灰色，作为图标的背景层，参数设置见图2-306所示。

（3）选择圆角矩形工具，绘制一个黑色圆角矩形，作为金属底框基本形状，参数设置见图2-307所示。

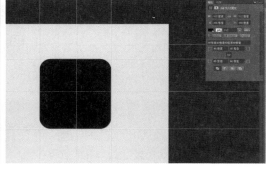

图2-306　新建背景图层　　　　　　　　图2-307　绘制图标基本形状

（4）选中圆角矩形图层添加图层样式，分别有斜面和浮雕、描边、渐变叠加效果，具体参数设置见图2-308至图2-310所示。

（5）再次选择圆角矩形工具，绘制出第二个黑色圆角矩形，参数设置见图2-311所示。

（6）选中第二个圆角矩形图层添加图层样式，分别有斜面和浮雕、描边、内阴影、渐变叠加、外发光效果，参数设置见图2-312至图2-316所示。

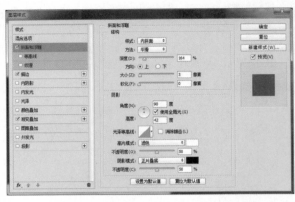

图 2-308　添加图层样式，斜面和浮雕

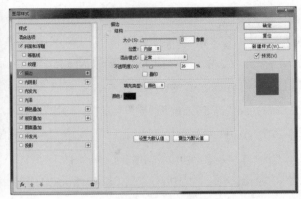

图 2-309　添加图层样式，描边

图 2-310　添加图层样式，渐变叠加

图 2-311　绘制一个圆角矩形

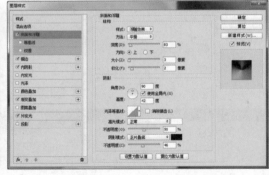

图 2-312　添加图层样式，斜面和浮雕

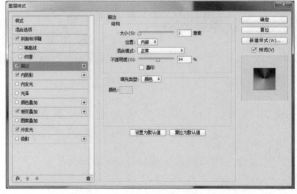

图 2-313　添加图层样式，描边

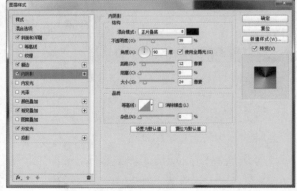

图 2-314　添加图层样式，内阴影

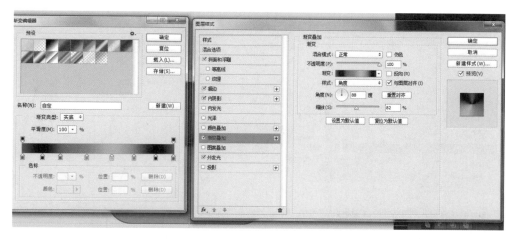

图2-315　添加图层样式，渐变叠加

（7）新建一个空白图层，选择柔角画笔工具，在内圆角矩形的四角绘制光感效果，使图形显得具有空间纵深感，效果见图2-317所示。

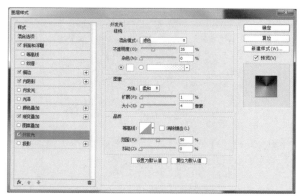

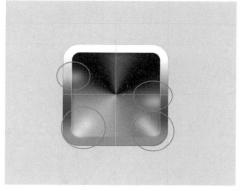

图2-316　添加图层样式，外发光　　　　图2-317　在内圆角矩形的四角绘制渐变白色

（8）选择圆角矩形工具，绘制第三个圆角矩形工具，作为金属外框凹陷平面，参数设置见图2-318所示。

（9）同样给第三个圆角矩形图层，添加图层样式，分别有描边、渐变叠加、外发光效果，具体参数设置见图2-319至图2-321所示。

新建一个图层，选择柔角画笔工具，绘制图表金属底框的高光效果（图4-322）。

图2-318　绘制第三个圆角矩形　　　　　　图2-319　添加图层样式，描边

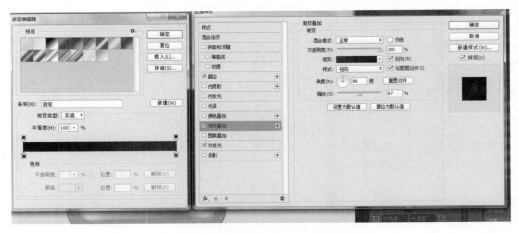

图 2-320　添加图层样式，渐变叠加

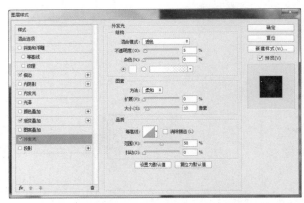

图 2-321　添加图层样式，外发光

图 2-322　绘制图表金属底框的高光效果

（10）选择椭圆工具，绘制一个白色椭圆形，设置形状蒙版的羽化值，制作出辉光的效果（图 2-323）。

图 2-323　绘制一个白色圆形，设置蒙版羽化数值

（11）接下来导入准备好的金属材质贴图（图 2-324）。先对垂直视线平面进行材质贴图，方法在材质贴图效果图标案例有讲到，可以运用图层载入选区，再删除金属贴图多余部分的画面即可，这里需要在金属贴图图层叠加模式中设置为正片叠底模式（图 2-325）。

图2-324　导入准备好的金属材质贴图　图2-325　运用图形载入选区的方法，进行材质贴图

（12）接下来对金属底框的内斜面进行材质匹配，方法与上一步骤相同，需要注意的是对材质纹理进行透视匹配，可以运用变换工具【透视】操作来完成（图2-326、图2-327）。至此，写实金属底框部分基本制作完成。

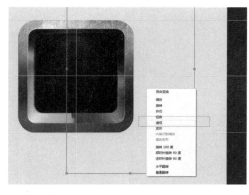 

图2-326　再次运用材质贴图　图2-327　制作左边透视部分材质贴图

（13）制作可乐罐的部分。进行制作前可将其他图层先隐藏显示，新建一个空白图层（图2-328），在【窗口】菜单下拉面板中找到【3D】菜单，点击打开之后我们会看到一个3D面板（图2-329）。

图2-328　新建一个空白图层，开始制作可乐罐　图2-329　找到并打开【3D】子菜单

（14）进入到3D面板，选择【从预设创建网格】，下拉面板选择【汽水】（图2-330）。本案例刚好是利用软件自带模型来制作三维效果，有借力之意。

（15）选择【汽水】之后，画布中就会显示【汽水】3D模型，视图也会切换到三维视图模式，选择工具可以对模型进行位置、大小、方向的控制。

（16）进入到3D面板，选中【无限光】调整光源的位置，具体操作见图2-331所示。

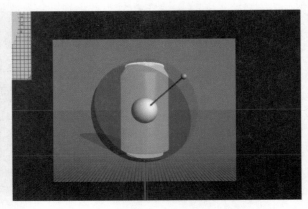

图2-330　选择【从预设创建网格】　　　　图2-331　调整光源位置

（17）在3D面板，选中【汽水】菜单下的【标签材质】（图2-332），点击上方属性面板中【漫射】后的文件图标，选择【新建纹理】（图2-333）。

图2-332　编辑标签材质　　　　　　图2-333　选择【新建纹理】

（18）在弹出的"新建"纹理面板中设置文件尺寸，这里最好与准备好的贴图素材尺寸匹配，参数设置见图2-334所示。

（19）在新打开的纹理文件中，导入准备好的标签材质贴图，将贴图与黑线网格大小匹配，保证铺满网格边缘，这里的黑线网格实际上就是三维软件中的UV贴图，它类似立体模型展开的平面图，对齐后保存文件即可（图2-335、图2-336）。

（20）当我们再回到图标文件中（图2-337），这时【汽水】模型的标签材质已经贴上去了，光源的效果欠佳，选择无限光，进入到属性面板，修改为【日光】模式，操作步骤见图2-338所示。

图2-334　设置纹理贴图尺寸

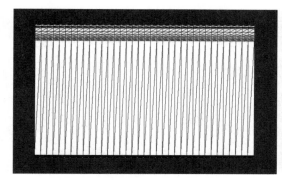
图 2-335　创建纹理贴图后的模型展开 UV

图 2-336　导入准备好的材质贴图文件

图 2-337　保存纹理贴图文件后回到可乐图标文件　图 2-338　选中光源，在预设面板选择日光

（21）选中【盖子材质】（图 2-339），进入属性面板，点击【漫射】，新建纹理，在新打开的文件中依次导入、匹配准备好的上下部盖子的材质贴图文件，完成后保存文件，操作步骤见图 2-340、图 2-341 所示。

图 2-339　选中盖子材质　　　　　　图 2-340　编辑盖子材质的纹理贴图

（22）至此，可乐部分已经基本制作完成（图 2-342），我们可以进入普通图层面板，选中可乐图层，点击鼠标右键，进行【渲染】，停止按【ESC】键（图 2-343、图 2-344）。

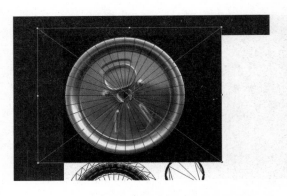

图 2-341　导入盖子的材质贴图

图 2-342　3D可乐罐基本制作完成

图 2-343　渲染

图 2-344　渲染中的状态类似于三维软件

（23）完成后，显示出制作好的金属底框图层，选中案例图层面板最上一个图层，按【Ctrl】+【Alt】+【Shift】+【E】键盖印图层，这里主要用来对图标的瑕疵部分进行完善，一般会用到画笔工具，以及污点修复工具、仿制图章工具等。注意可乐图标与金属底框之间应该有一定的光影、色彩影响，在这一步便可用画笔工具绘制出来（图2-345）。

（24）最后，运用钢笔工具，制作出可乐模型的投影，以及图标的投影，完成案例的制作（图2-346）。

图 2-345　添加一个蒙版

图 2-346　绘制金属底框的可乐罐投影及漫射效果

本章小·结

　　本章主要对 UI 界面设计常用元素进行分类介绍，并通过一些简单案例来讲解其制作技法。学好 UI 界面中常用图形、常见控件、图标的制作对于后续 UI 界面设计至关重要。书中案例详细讲解了运用 Photoshop CC 进行 UI 界面常用元素的制作方法与不同的制作思路，初学者在这一阶段应当通过大量案例学习、临摹来掌握软件工具的使用方法，并形成一定的设计制作思维。

◆ 课后实践任务

　　1. 运用 Photoshop CC 制作三种 UI 常用控件，可在按钮、对话框、选项条、滑动条、滑动开关、迷你播放器中自由选择。

　　作业说明：可选择自己认可的控件案例进行临摹制作，也可以自主设计制作。注意每个控件的完整性、准确性以及视觉美感。

　　文件形式：制作完成的电脑稿件，包括输出的 JPEG 格式文件和 PSD 格式文件。

　　2. 运用 Photoshop CC 制作出三个不同风格的图标。

　　作业说明：分别设计出三种不同风格图标，尺寸：1024px × 1024px（圆角 180px）。注意图标设计中光影、透视、完整性、细节等问题。

　　文件形式：制作完成的电脑稿件，包括输出的 JPEG 格式文件和 PSD 文件。

第三章　PC 端 UI 界面设计实例

　　"PC"是英文词组"Personal Computer"的简称，翻译成中文意指个人电脑或者个人计算机。"PC"一词最早源自 1987 年 IBM 公司的第一台台式计算机型号 PC，是具有独立运行、完成特定功能的计算机。时至今日，"PC"已经成为广泛含义的词汇，它泛指所有的计算机，如台式机、一体机、平板电脑、笔记本电脑、超级本、落地式一体机等都属于 PC 端设备的范畴。

　　PC 端的 UI 界面包含了所有在 PC 端设备平台运行的系统界面、软件界面设计。例如 Windows 系统界面、WUI 网页界面、计算机软件中的音乐软件界面、视频播放器界面等。这一章节通过两个 PC 端 UI 界面设计案例来讲解其制作思路与设计技巧。（图 3-1 至图 3-6）

图 3-1　PC 端设配

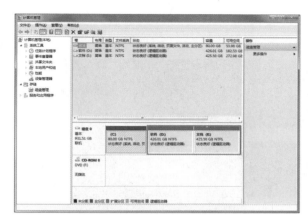 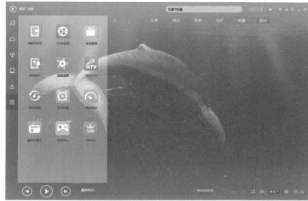

图3-2　win7系统界面　　　　　　　　　图3-3　PC端音乐软件界面

图3-4　win8系统主题界面

图3-5　PC端视频播放器界面

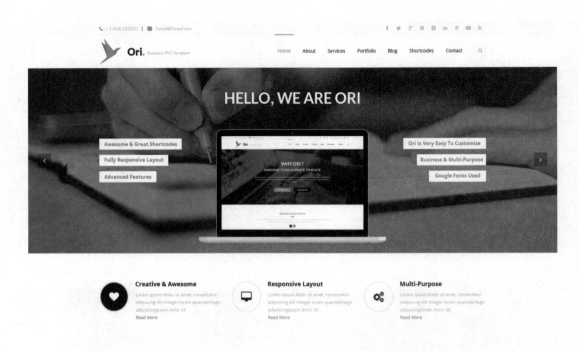

图 3-6　PC 端网站界面

第一节　工作室 WUI 设计

一、制作思路

本节实例是运用 Photoshop 制作 PC 端传媒工作室网页界面，工作室 WUI 分为 5 个内容菜单，共计 7 个页面。工作室网站内容主要包括首页、我们、业务、案例、联系 5 个部分，其中首页为 3 个页面，其他每个部分各一个页面。工作室 WUI 整体采用浅灰色背景，内容布局简洁，希望从视觉上带给用户简洁易用、大方美观的使用体验。制作过程中用到了形状工具、文字工具、图片素材等。

制作前需要绘制出 logo 草图、页面布局草图，以及确定每个页面的文字内容，之后再按照一定的尺寸规格按步骤进行制作。在制作过程中通常需要借助参考线来进行版式设计，既方便快捷还可以提高版式排版的准确性。我们可以根据内容布局来拉出我们需要的水平或垂直参考线，也可以在菜单栏中选择"窗口"→"新建参考线"。

二、设计规格

（1）尺寸规格：1920px × 960px。

（2）使用工具：铅笔工具、矩形工具、圆角矩形工具、钢笔工具、文字工具、渐变填充工具。

（3）设计色彩分析：画面整体以浅灰为基调，logo 为黄色调，页眉菜单栏背景为半透明紫灰色，其他小图形用红色以及蓝紫色。（图 3-7 至图 3-13）

图 3-7　工作室 WUI 最终效果 1

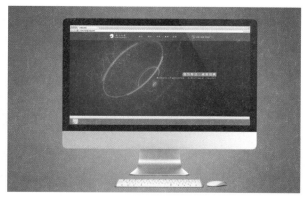

图 3-8　工作室 WUI 最终效果 2

图 3-9　工作室 WUI 最终效果 3

图 3-10　工作室 WUI 最终效果 4

图 3-11　工作室 WUI 最终效果 5

图 3-12　工作室 WUI 最终效果 6

图 3-13　工作室 WUI 最终效果 7

三、案例制作步骤详解

1. 新建文件，制作背景

（1）新建一个白色背景文件，设置文件尺寸为 1920px×960px，命名为"藏龙传媒 WUI"，其他参数设置见图 3-14 所示。网页页面的尺寸规范在不同的 PC 端设备以及不同的浏览器中都会有所不同，目前大部分网页设计都具备尺寸自适应响应功能，这也是发展趋势，本案例在假定可自适应的情况下来确定尺寸规范。

（2）新建一个空白图层，选中渐变填充工具，设置为径向渐变，并设置渐变色，之后在画布中按住鼠标左键拖动直到得到合适的渐变灰色背景，参数设置见图 3-15、图 3-16 所示。

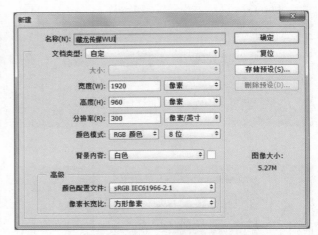

图 3-14 新建一个白色背景文件

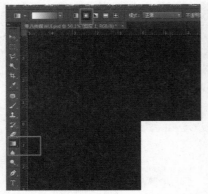

图 3-15 选中渐变工具，设置径向渐变

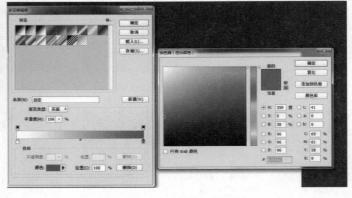

图 3-16 渐变色设置

（3）完成渐变灰色背景制作后，绘制工作室 logo，这里以"C 形龙"玉器作为来源参考，进行再创意，设计出 logo 草图（图 3-17）。

（4）完成 logo 草图设计后，便可运用钢笔工具来绘制工作室 logo，具体绘制步骤见图 3-18 至图 3-22 所示。

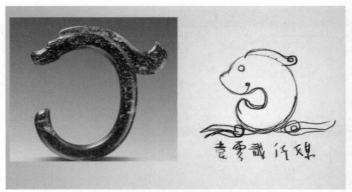

图 3-17 设计工作室 logo 草图

图 3-18 绘制 logo 主体部分

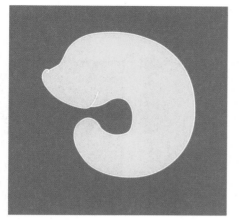

图3-19　绘制logo主体部分

"龙身"嘴的部分

图3-20　绘制logo主体

部分"龙身"的龙角

图3-21　绘制logo主体部分

"龙身"的眼睛

图3-22　绘制"C形龙身"

下方的云纹

（5）完成logo绘制后，选中所有logo部分的图层，转换为智能对象。请自行百度PS【智能对象】的作用。

（6）选中logo智能对象图层，运用变换工具，调整合适的大小及位置（图3-23）。

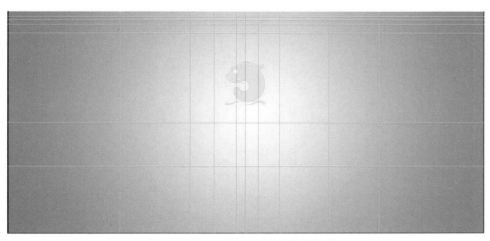

图3-23　调整logo合适的大小与位置

（7）选中文字工具，输入工作室名称文字"藏龙传媒工坊"，设置字体属性及颜色，具体参数见图3-24、图3-25所示。

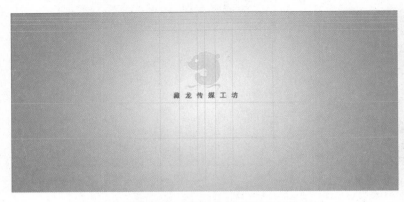

图3-24　选择文字工具，输入工作室名称文字　　　　图3-25　工作室logo文字字体及颜色

（8）选择椭圆工具，在logo下方绘制一个深灰色长椭圆形，在图层属性面板设置其蒙版羽化值，使其具有模糊的效果，这里作为logo的投影部分（图3-26）。

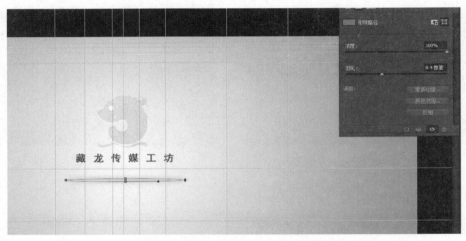

图3-26　绘制logo下方投影

（9）再次选文字工具，在logo下方，输入主页面标题性文字，"你的梦想，我们来助力"（图3-27）。

图3-27　在logo下方输入主页部分的文字

（10）导入一张准备好的地球素材图片，放置在页面下方位置，运用蒙版工具，制作出渐隐的效果，这使得主页既简洁又不缺少内容（图 3-28）。

图 3-28　导入素材图片,制作渐隐的效果

2. 制作顶部菜单栏

（1）选择矩形工具，借助事先建立的辅助参考线，在画布顶端绘制出一个长矩形（图 3-29），高度为 90px，设置为紫灰色，图层透明度为 50%，参数设置见图 3-30 至图 3-32 所示。

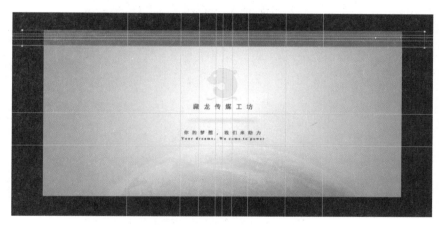

图 3-29　绘制为菜单栏背景形状

图 3-30　菜单栏矩形背景的形状属性

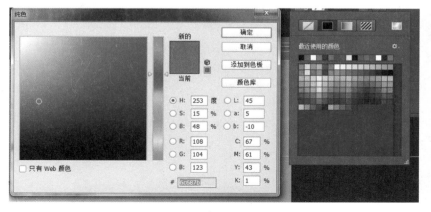

图 3-31　菜单栏矩形背景的颜色

图 3-32　修改图层透明度

（2）选中 logo 智能对象图层，按【Ctrl】+【J】键复制图层，调整颜色为白色，移动至画布顶部左侧合适位置（图 3-33）。

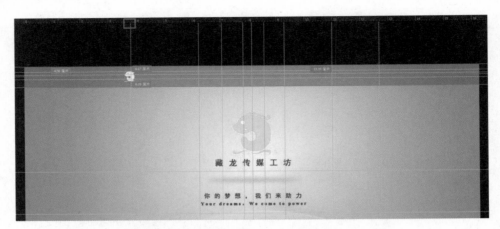

图 3-33　复制图层放在页面顶部靠左

（3）选中文字工具，在 logo 右侧输入工作室名称"藏龙传媒 CANGLONGMEDIA"，调整文字合适大小及字体（图 3-34）。

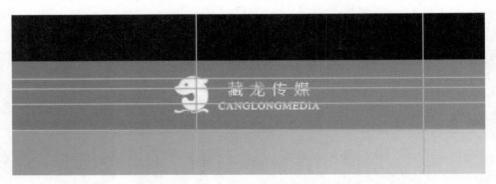

图 3-34　输入工作室名称文字并调整性

（4）再次选择文字工具，依次输入菜单栏内容文字：首页、我们、业务、案例、联系（图 3-35）。

图 3-35　输入菜单内容

（5）接下来制作右侧联系电话及图标部分，选择椭圆工具，绘制一个正圆形（图 3-36），属性面板修改填充为"无"，描边为 0.5 px。

（6）选择钢笔工具，绘制出电话图标（图 3-37）。

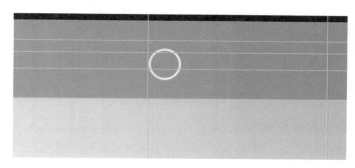

图 3-36　绘制一个圆形　　　　　　　　　　　图 3-37　绘制一个电话图标

（7）选择文字工具，输入联系电话（图 3-38），最终页眉顶部菜单的完成效果如图 3-39 所示。

图 3-38　输入联系电话数字

图 3-39　页眉顶部菜单完成效果

3. 制作首页标语页面一

（1）导入准备好的图片素材文件，调整色彩平衡，使其整体色调偏蓝紫色，这样更加符合界面整体色彩定位（图 3-40）。

（2）在菜单栏选择"滤镜"→"高斯模糊"，调整至合适的模糊效果，参数设置见图 3-41 所示。

（3）选择文字工具，输入相应的文字，调整合适的大小、位置及颜色，详见图 3-42 所示。

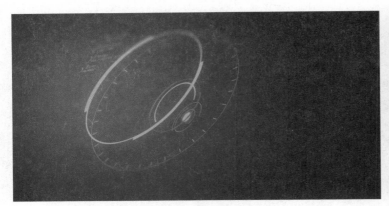

图 3-40　导入图片素材　　　　　　　　　图 3-41　高斯模糊

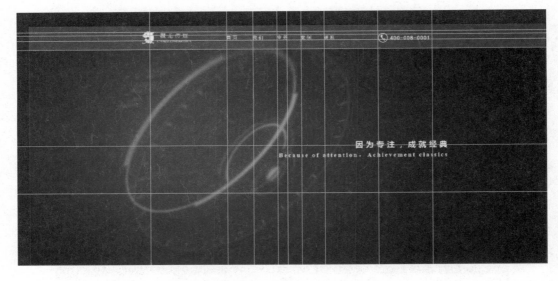

图 3-42　选择文字工具，输入相应文字

（4）选择矩形工具，绘制一个红色矩形，调整图层透明度为 70%，放置在中文标语文字图层之下，这里主要起装饰性作用，使文字在画面中显得更加显目（图 3-43）。

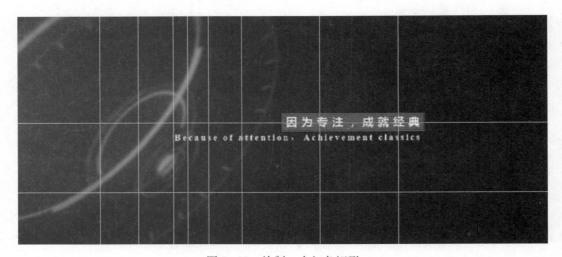

图 3-43　绘制一个红色矩形

（5）完成制作后，选中首页标语页面一所有的图层，点击图层面板右下方文件夹图标，将图层按文件夹分组，重命名。这样便于管理整个项目工程文件，制作起来也会有条不紊，思路清晰。（图3-44）

4. 制作首页标语页面二

（1）导入准备好的图片素材文件，调整合适的大小（图3-45）。

图 3-44　点击右下方文件夹图标　　　　　　图 3-45　导入图片素材

（2）在菜单栏选择"滤镜"→"高斯模糊"，调整至合适的模糊效果，参数设置见图3-46所示。

（3）选择文字工具，输入相应的文字，调整合适的大小、位置及颜色，详见图3-47所示。

 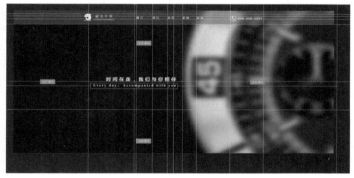

图 3-46　调整合适的模糊效果　　　　　　图 3-47　输入标语性文字

（4）选择矩形工具，绘制一个红色矩形，修改为描边无填充模式，放置在英文标语文字图层之下，这里主要起装饰性作用，使文字在画面中显得更加显目（图3-48）。

图 3-48　绘制一个矩形，修改为描边无填充模式

（5）完成制作后，选中首页标语页面一所有的图层，点击图层面板右下方文件夹图标，将图层按文件夹分组，重命名。

5. 制作首页标语页面三

（1）导入准备好的图片素材文件，调整合适的大小（图3-49、图3-50）。

<table>
<tr><td>图3-49　导入准备好的图片素材</td><td>图3-50　调整合适的大小及位置</td></tr>
</table>

（2）选择文字工具，输入相应的文字，调整合适的大小、位置及颜色，详见图3-51所示。

图3-51　选择文字工具，输入首页标语文字

（3）选择矩形工具，绘制一个红色矩形，修改为描边无填充模式，放置在中文标语文字图层之下，这里主要起装饰性作用，使文字在画面中显得更加显目（图3-52）。

图3-52　绘制一个矩形，修改为无填充描边模式

（5）完成制作后，选中首页标语页面一所有的图层，点击图层面板右下方文件夹图标，将图层按文件夹分组，重命名。

6. 制作左右翻页按键

（1）选择钢笔工具，绘制出左边翻页按键（图 3-53）。

（2）选中左侧翻页按键图层，按【Ctrl】+【J】键复制图层，选择自有变换工具，按快捷键【Ctrl】+【T】键，右击鼠标，选择水平翻转（图 3-54）。

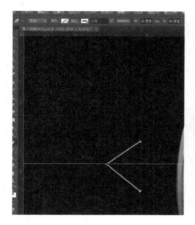 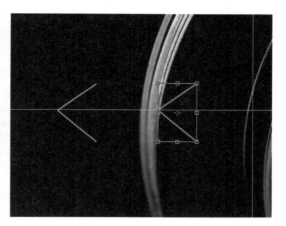

图 3-53　绘制左边翻页按键　　　　图 3-54　复制图层，变换工具，水平翻转

（3）选中复制图层，移动至画布右侧，调整图层透明度为 30%（图 3-55）。

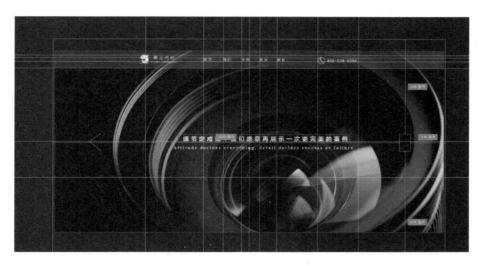

图 3-55　调整图层透明度

7. 制作【我们】的主页面

关掉其他页面显示，回到首页页面（图 3-56）。

（1）选择文字工具，输入英文字母"ABOUT US"，调整合适的字体及相关属性，详见图 3-57 所示。

（2）再次选择文字工具，输入中文"关于我们"，调整合适的字体及相关属性，详见图 3-58 所示。

（3）选择文字工具，输入【关于我们】的部分内容文字，注意调整段落文字的版式问题（图 3-59）。

（4）选择文字工具，输入"查看详情"，修改字体颜色为红色（图 3-60）。

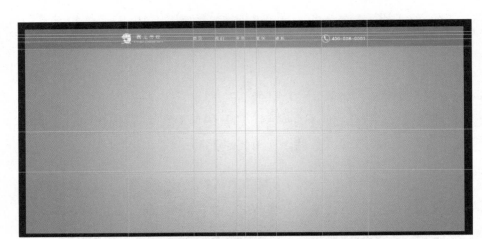

图 3-56　回到首页页面

图 3-57　输入文字"ABOUT US"

图 3-58　输入"关于我们"

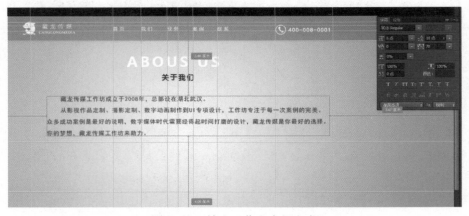

图 3-59　输入工作室介绍文字

图3-60　输入"[查看详情]"

8. 制作【业务】的主页面

（1）首先关掉【关于我们】的显示，选择文字工具，输入文字"WHAT CAN WE DO"，调整合适的字体大小及颜色（图3-61）。

图3-61　输入英文字母

（2）选择文字工具，输入中文"我们能做什么"，调整合适的字体以及字体属性，详见图3-62所示。

图3-62　输入中文"我们能做什么"

（3）选择矩形工具，在中文文字图层下绘制一个矩形，修改为蓝紫色，作为中文文字的装饰图形（图3-63）。

（4）选择矩形工具，按住【Shift】键，绘制出一个正方形（图3-64），这个图形主要用作图片素材创建剪贴蒙版的形状，在第二章节中有讲到此知识点。

图 3-63　绘制一个蓝紫色矩形图层

图 3-64　选择矩形工具，绘制一个正方形

（5）选中正方形图层，按【Ctrl】+【J】键依次复制三个图层，然后等距依次放置，详见图 3-65所示。

（6）选择准备好的图片素材，导入软件，放置在画布左侧第一个矩形图层之上，创建剪贴蒙版，调整合适的大小，具体设置见图 3-66、图 3-67 所示。

图 3-65　复制得到三个正方形形状图层

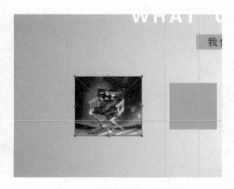

图 3-66　导入图片素材

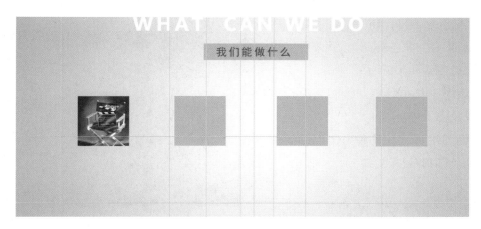

图 3-67　创建剪贴蒙版

（7）与上一步的操作步骤与方法相同，依次对其他三个矩形添加剪贴蒙版图片素材，详见图 3-68 所示。

图 3-68　同样的步骤与方法导入合适的图片素材

（8）完成每一项业务的图片素材制作后，继续添加文字，选择文字工具，输入【影视定制】，调整合适的字体及相关属性，详见图 3-69 所示。

图 3-69　输入业务页面每一项业务的文字

（9）按【Ctrl】+【J】键，复制文字图层，放置在对应每一个业务图形之下，再依次修改文字内容，见图3-70所示。

（10）选择矩形工具，绘制两个长条形蓝色矩形，详细设置见图3-71所示。

（11）选择椭圆工具，在长条形矩形缺口中间，绘制一个红色圆形（图3-72）。

（12）选择文字工具，在长矩形图层下，新建一个图层，输入业务订单流程文字，调整合适的文字属性，依次复制出每一项流程文字，再逐项修改文字内容，如【提交需求】、【客服确认】、【签订合约】、【样品送审】、【提交成品】、【后期维护】，见图3-73所示。

图3-70 业务文字的属性

图3-71 绘制两个矩形

图3-72 绘制一个红色椭圆形

图3-73 依次输入每一项订单流程文字

（13）完成【业务】主页面所有内容制作后，选中所有图层，整理至一个文件夹（图3-74）。

图3-74　业务主页面完成效果

9. 制作【案例】的主页面

（1）关闭【业务】主页面文件夹显示，选择矩形工具，按住【Shift】键绘制一个矩形，作为案例图片图标基本形状，参数设置见图3-75所示。

（2）选中矩形图层，按【Ctrl】+【J】键复制出两个矩形图层，等距离排放，详见图3-76所示。

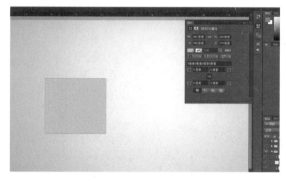

图3-75　选择矩形工具，绘制一个正方形　　　　图3-76　复制两个图层

（3）选择圆角矩形工具，在正方形图层上新建图层，绘制一个圆角矩形，作为图片素材创建剪贴蒙版的基本形，见图3-77所示。

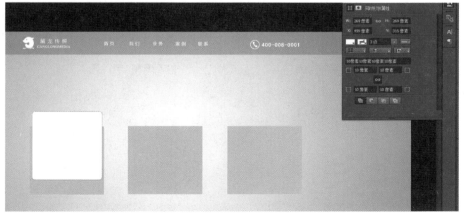

图3-77　绘制一个圆角矩形

（4）选中刚绘制出的圆角矩形图层，按【Ctrl】+【J】键复制出两个图层，按等距离排放，详见图3-78所示。

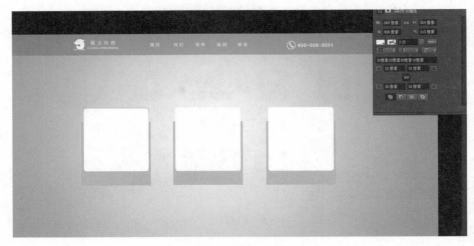

图3-78 复制两个圆角矩形

（5）导入准备好的图片素材，放置在画布左侧第一个圆角矩形图层之上，调整合适大小及位置，选中图层右击创建剪贴蒙版，见图3-79、图3-80所示。

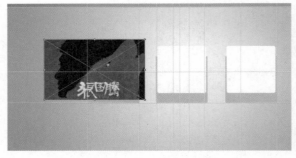

图3-79 导入图片素材   图3-80 创建剪贴蒙版

（6）导入其他两张图片素材，按照相同的步骤方法，依次创建出剪贴蒙版（图3-81），注意图片素材图层与剪贴蒙版形状图层之间的上下位置关系（图3-82）。

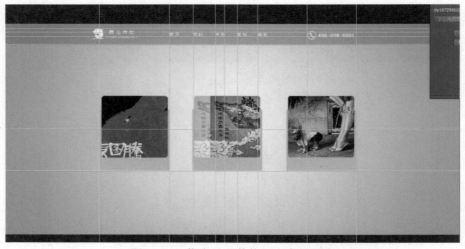

图3-81 依次导入其他两张素材图片

图 3-82　注意图层次序关系

（7）选择文字工具，输入案例部分的中英文文字，调整合适的字体，具体设置见图 3-83 所示。

（8）选择文字工具，在矩形图层上新建图层，输入每一项案例的名称，调整合适的字体及大小；详见图 3-84、图 3-85 所示。

（9）选择圆角矩形工具，绘制一个圆角矩形（图 3-86），作为查看更多案例的跳转按钮，之后为其添加描边的图层样式效果，参数设置见图 3-87、图 3-88 所示。

图 3-83　输入案例部分的中英文文字

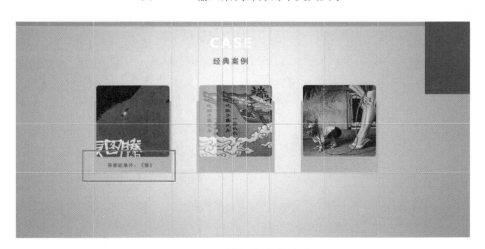

图 3-84　输入相应的文字

（10）选中文字工具，输入"查看更多案例"文字，以及">"符号，完成案例页面的制作（图 3-89 至图 3-91）。

10. 制作【联系】主页面

（1）选中文字工具，新建一个图层，在画布中间偏上输入"CONTACT US"，调整字体大小及位置，见图 3-92 所示。

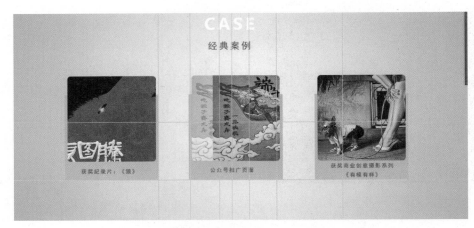

图 3-85　依次制作出其他两个案例名称

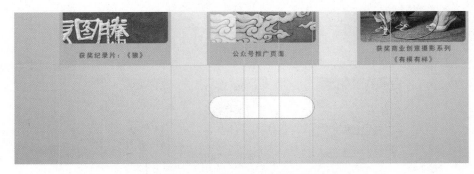

图 3-86　绘制一个圆角矩形

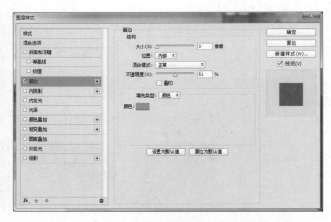

图 3-87　圆角矩形的属性设置　　　图 3-88　为圆角矩形图层添加描边的图层样式

图 3-89　输入文字：查看更多案例

图 3-90 输入字符，依次复制出两个

图 3-91 案例部分主页面完成效果

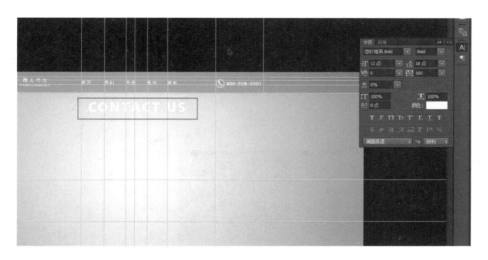

图 3-92 输入联系我们英文字母

（2）选中文字工具，新建一个图层，输入"联系我们"，调整合适的字体及大小，见图 3-93 所示。

（3）导入制作好的虚拟二维码图片素材，调整合适的大小及位置，这里的二维码是通过网页生成的虚拟二维码，只用作效果展示（图 3-94）。

（4）选中文字工具，输入联系方式电话号码"400-008-0001"，修改字体颜色为红色，参数设置见图 3-95 所示。

图 3-93　输入联系我们中文字

图 3-94　导入制作好的二维码图片素材

图 3-95　输入联系电话号码

　　（5）选中矩形工具，设置填充为无，描边为 1 px，绘制一个矩形边框（图 3-96），利用蒙版隐藏数字部分的边线，参数设置见图 3-97 所示。

　　（6）选中文字工具，依次制作出二维码上下方的文字部分，分别为地址和技术支持，详见图 3-98 所示。

图 3-96　绘制一个描边矩形

图 3-97　描边矩形的属性设置

图 3-98　制作地址及技术支持部分文字

　　（7）接下来制作一些外部链接的小图标，选中矩形工具，绘制一个矩形，作为链接图标的背景形状（图 3-99）。

图 3-99 在技术支持文字下方绘制一个矩形

（8）接下来运用文字工具以及钢笔工具，来完成小图标的制作，完成【联系】主页面的最终效果制作。（图 3-100 至图 3-104）

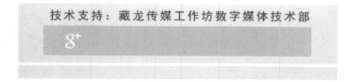

图 3-100 制作 g+ 的形状

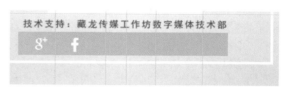

图 3-101 绘制字母 f 的形状

图 3-102 制作其他形状

图 3-103 绘制菜单选中下划线形状

图 3-104 工作室 WUI 工程文件按文件夹分类

第二节 音乐播放器 APP 界面设计

一、制作思路

本节实例是运用 Photoshop 制作 PC 端音乐播放器 APP 界面（网易音乐风格），音乐播放器 APP 主要用于网络在线音乐以及本地音乐文件的播放，界面设计风格扁平化，布局简洁易用，采用重复与排列等构成设计手法。音乐播放器 APP 界面色彩基调以灰、白、蓝为主，给人清新、舒适的视觉体验。

通过前面章节的学习，相信大家对于制作播放器 APP 界面设计中的元素已经没有问题。在制作音乐播放器 APP 界面前，清楚并掌握 APP 的内容构架，布局基本界面是首要任务。APP 主界面可以分解为五个模块：上端搜索及登录设置部分、左侧 APP 列表菜单、右侧列表部分、中间部分内容界面、下方播放控制部分，其他子界面也是在这些大框架之内进行再设计的。

二、设计规格

（1）尺寸规格：1226px × 670px。

（2）使用工具：矩形工具、圆角矩形工具、椭圆工具、钢笔工具、文字工具（图 3–105 至图 3–115）。

图 3–105 音乐 APP 界面设计效果展示图

图 3–106 音乐播放器首页

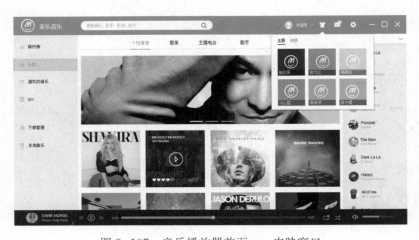

图 3–107 音乐播放器首页——皮肤窗口

图 3-108　音乐播放器首页——消息窗口

图 3-109　音乐播放器——歌单

图 3-110　音乐播放器——主播电台

图 3-111　音乐播放器——歌手

图 3-112　音乐播放器——最新音乐

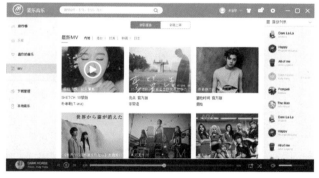

图 3-113　音乐播放器——MV

图 3-114　音乐播放器——本地音乐

图 3-115　音乐播放器——设置

三、案例制作步骤详解

其具体制作步骤请扫描二维码。

音乐播放器 APP 的制作

本章小·结

本章设计制作了 PC 端两个 UI 界面设计案例，分别是影视传媒工作室 WUI 界面设计与音乐播放器 APP 界面设计。从前期制作思路、设计规格以及设计制作步骤都进行了明确的讲解，重点在于明确制作思路，掌握内容信息构架，进而有效合理地设计每一个内容界面；难点在于视觉设计规范以及 UI 界面设计中用户体验的把握。本章案例运用了 Photoshop CC 中形状工具、钢笔工具、文字工具、图层样式功能、图层蒙版功能以及参考线的运用等来完成案例制作。通过本章案例学习，可初步掌握 PC 端 UI 界面设计的基本能力，进阶还需进行大量的案例制作以及相关书籍的阅读学习。

◆ 知识拓展：PC 端 UI 界面设计基本原则

（1）保持简洁精确的设计原则；

（2）美学设计原则；

（3）一致性原则；

（4）功能性和可用性原则；

（5）易用性原则；

（6）容错性原则；

（7）以用户为主导原则。

◆ 课后实践任务

1. 按照 UI 设计流程并运用 Photoshop CC 来设计制作一款个人网站 UI 界面。

作业说明：个人网站内容包括个人简介、设计事物范围及作品集展示，可选择优秀案例进行临摹制作，也可以自主设计制作。自主设计应当注意信息构架的逻辑性、视觉设计规范以及用户体验。

交件形式：制作完成的电脑稿件，包括输出的 JPEG 格式文件和 PSD 格式文件。

2. 按照 UI 设计流程并运用 Photoshop CC 设计制作一款 PC 端视频影音客户端 APP 界面。

作业说明：界面内容包括播放器主界面、在线片库界面、菜单栏、个人中心、设置中心。

尺寸规格：1280px × 720px。

交件形式：制作完成的电脑稿件，包括输出的 JPEG 格式文件和 PSD 文件。

第四章　移动端 UI 界面设计实例

移动端的名称是相对于 PC 端而言的，从字面意义上来看我们可以理解为一切可移动并支持无线上网功能的计算机终端设备。从第一台智能手机的诞生，伴随着计算机科技与互联网技术的进步，智能设备的发展速度以及普及率日新月异。生活中的智能手机、平板电脑、可穿戴智能设备等都属于移动端的范畴。移动端 UI 设计也是当下数字媒体时代或即将到来的工业 4.0 时代最为紧俏的设计领域工作之一。

移动端设备自身的特点决定了其 UI 设计与其他 UI 设计的不同之处，移动端设备相对于 PC 端等其他设备具有：（1）小体积轻便易携带，移动端设备的这一特点使得我们可以随时随地使用移动端设备来上网通信以及获取资讯信息，同时移动端 UI 界面更简洁快捷。（2）支持无线网络通信功能，与第一个特点的结合堪称完美，给我们的生活、工作带来极大的便捷。

移动端设备三大主流系统平台分别为：IOS、Android、Windows。IOS 是由苹果公司开发的移动操作系统，苹果公司旗下的智能设备产品都由此系统来支撑运行。Android 系统则是由 Google 公司开发的一项基于 Linux 平台的智能手机操作系统。Windows phone 是由微软公司于 2010 年发布的一款手机操作系统。三大系统平台自具特色，同时对 UI 设计的要求与原则也各不相同，在章节后附有移动端 UI 界面设计基本原则。（图 4-1 至图 4-3）

图 4-1　智能手机

图 4-2　平板电脑

第一节　手机主题 UI 界面设计

一、制作思路

本节实例是运用 Photoshop CC 制作智能手机主题 UI 界面设计，包括主题图标设计、锁屏界面、解锁界面、主界面四个部分。主题图标共 28 个，分别是日历、时钟、天气、笔记、文件夹、阅读、语音、一键锁屏、计算器、邮件、下载、手电筒、收音机、视频、图库、恢复备份、系统更新、信息、联系人、设置、相机、软件商城、音乐、浏览器、电话、相册、微信、主题图标。图标整体设计以扁平化风格为主，简洁的图形与鲜明的色彩为本套图标的特色。主界面及锁屏界面背景采用了金黄色麦穗摄影图片，希望给人温暖、幸福、舒适的视觉感受。制作过程运用到了形状工具、文字工具、图片素材等。

制作前需要确定绘制图标内容，进而绘制出草图设计，之后再按照一定的尺寸规格逐项按步骤进行制作。图标的制作过程中借助参考线并运用了圆角矩形工具、钢笔工具、多边形工具、文字工具等。制作中既要注意局部的细节表现，又要考虑色彩、设计风格的整体一致性。

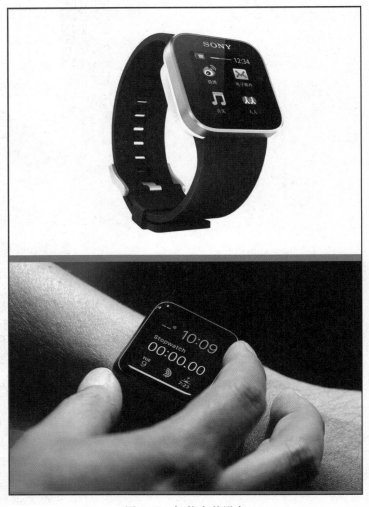

图 4-3　智能穿戴设备

二、尺寸规格

（1）画布尺寸：1000px × 5200px。

（2）图标尺寸：144px × 144px，圆角：50px。

（3）主界面尺寸：750px × 1134px，状态栏：40px，导航栏：130px，导航栏图标：98px。

（4）使用工具：铅笔工具、矩形工具、圆角矩形工具、自定义形状工具、文字工具。

（5）设计色彩分析：画布背景运用偏冷深灰，图标色彩鲜明，给人一种活力、清新的感觉，主界面背景运用了金黄色麦穗图片，给人温暖、幸福的视觉体验。（图 4-4 至图 4-6）

图 4-5　手机锁屏界面设计效果

图 4-4　手机主题图标设计效果

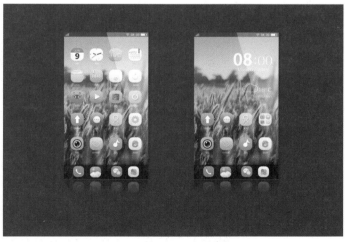

图 4-6　手机主题主界面设计效果

三、案例制作步骤详解

其具体制作步骤请扫描二维码。

手机主题 UI 界面的制作

第二节　平板电脑智能家电 APP 界面设计

一、制作思路

本节实例是运用 Photoshop CC 制作移动端智能家电 APP 界面。智能家电或者智慧家居是继互联网与计算机技术的发展而兴起的，至今也不过近二十年。据相关调查统计，在我国智能家电系统的安装应用并不普遍，但随着人们生活水平的不断提高，相关技术的成熟，智能家电及智能制造一定会成为一种大众化事物并走进我们的生活。

本节案例中的"乐居"智能家电 APP 内容构架主要包括智能家居、家居安防、设置中心、我四个部分，每个部分各自包含对应的子菜单内容，例如智能家居的二级菜单就包括窗帘、灯光、空调、电视、监控、音乐等控制选项。案例制作部分主要有启动图标设计制作、登录界面、主菜单界面、智能家电控制界面、安防界面、个人中心界面。

本案例希望运用扁平化设计风格来达到一种简约美观的视觉效果，同时能够尽可能地通过设计来延长 APP 的审美寿命，而不是在较短的周期内就显得"过时"了。

二、设计规格

（1）尺寸规格：2048px × 1536px。

（2）使用工具：矩形工具、圆角矩形工具、椭圆工具、钢笔工具、文字工具。

（3）设计色彩分析：界面背景主要运用了大面积高级灰，其他图标以及控制面板以冷色系为主。从色彩上给人清新、明快、高端的视觉体验（图 4-7 至图 4-9）。

图 4-7　启动图标与登录界面

图 4-8　菜单界面与控制面板

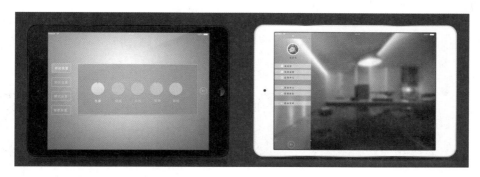

图 4-9　布防界面与个人中心

三、案例制作步骤详解

1. 新建文件，制作乐居 APP 启动图标

（1）新建一个白色背景文件，命名为"乐居 APP 界面设计案例"，设置 APP 界面尺寸规范，参数设置见图 4-10 所示。

（2）绘制一个黑色矩形，添加【渐变叠加】图层样式，作为 APP 界面背景图层，参数设置见图 4-11、图 4-12 所示。

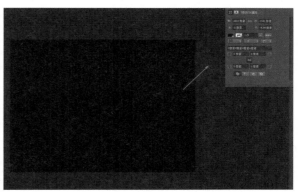

图 4-10　新建文件　　　　　　　　　　图 4-11　绘制一个黑色矩形，作为背景图层

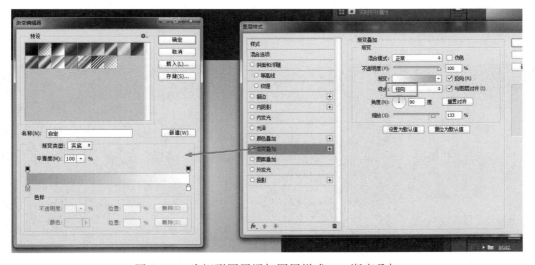

图 4-12　为矩形图层添加图层样式——渐变叠加

（3）新建一个图标文件，如图4-13所示。

（4）选择圆角矩形工具，绘制一个黑色圆角矩形，作为启动图标的基本形状，参数设置见图4-14所示。

图4-13　新建一个图标文件　　　　　　　　图4-14　绘制图标基本形状

（5）选中上一步创建的黑色图形图层，添加图层样式效果【渐变叠加】，参数设置见图4-15所示。

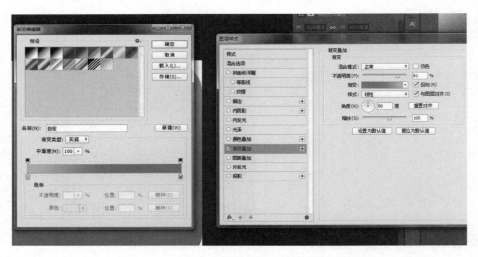

图4-15　为添加【渐变叠加】图层样式效果

（6）运用文字工具制作图标图形，这里运用了乐居拼音首写字母，分别为【L】和【J】，参数设置见图4-16、图4-17所示。

图4-16　制作文字图形"L"和"J"　　　　　　图4-17　文字属性设置

（7）选择钢笔工具，绘制出字母上方的渐变效果，效果设置见图 4-18、图 4-19 所示，完成启动图标的制作。

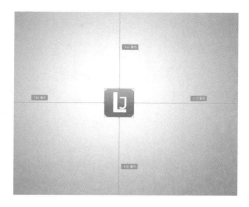

图 4-18　制作文字部分渐变的效果　　　　图 4-19　调整合适的位置及大小

2. 制作乐居 APP 登录界面

（1）登录界面由 APP 图标、输入框、输入框图标、对应文字组成，制作过程可分类逐项进行，主要用到的工具有椭圆工具、钢笔工具、直线工具等。下面开始制作输入框，选择钢笔工具绘制第一个输入框的形状，再通过拷贝得到第二个输入框，制作效果见图 4-20、图 4-21 所示。

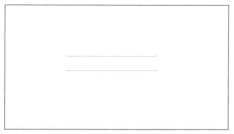

图 4-20　绘制一个输入框形状　　　　　　图 4-21　复制得到另一个输入框形状图层

（2）运用钢笔工具绘制出输入框下方横线（图 4-22）。

（3）选择圆角矩形工具，绘制一个圆角矩形，作为登录按钮的基本形状（图 4-23），添加图层样式效果【描边】、【渐变叠加】、【投影】，参数设置见图 4-24 至图 4-26 所示。

（4）运用钢笔工具绘制出输入框中相关的小图标，具体步骤不多做阐述，图标样式见图 4-27 所示。

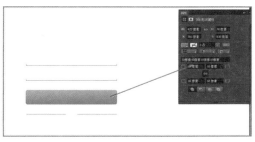

图 4-22　绘制输入框下方直线　　　　　　图 4-23　绘制登录按钮

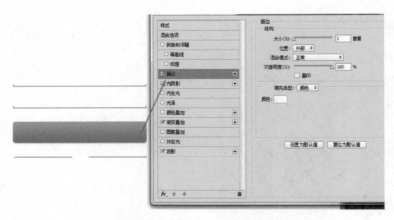

图4-24　登录按钮形状图层样式——描边

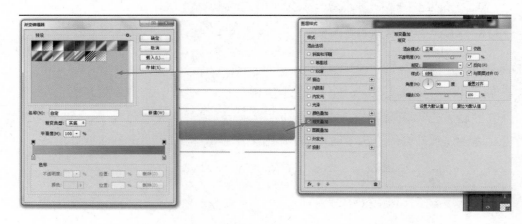

图4-25　登录按钮形状图层样式——渐变叠加

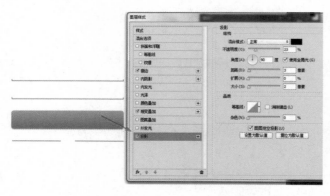

图4-26　登录按钮形状图层样式——投影　　　　图4-27　绘制输入框相关图标

（5）选择文字工具，输入文字【登录】，调整合适的字体属性，参数设置见图4-28所示。

（6）运用文字工具，制作出登录按钮下方的文字，【注册账号】、【or】、【找回密码】，参数设置见图4-29、图4-30所示。

（7）运用钢笔工具，制作出房子的形状，效果见图4-31、图4-32所示。

（8）制作输入框上方APP图标，选择椭圆工具，绘制一个圆形，参数设置见图4-33所示。

（9）再次绘制一个圆形，用于图片素材剪贴蒙版的形状，参数设置见图4-34所示。

（10）导入准备好的图片素材，调整合适的大小与位置，创建剪贴蒙版。（图4-35）

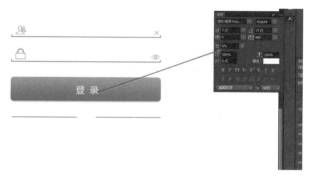

图 4-28 制作登录图标的文字

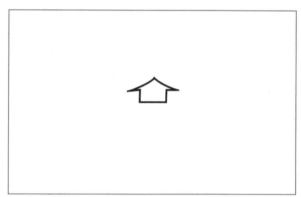

图 4-29 文字属性

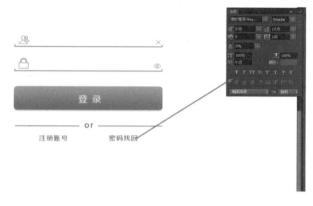

图 4-30 文字属性

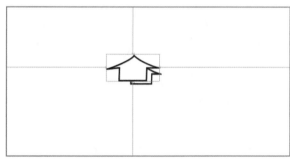

图 4-31 绘制一个房子的形状

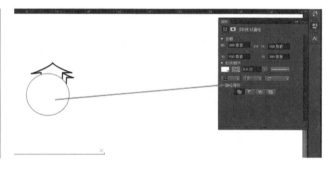

图 4-32 复制图层

图 4-33 运用椭圆工具绘制一个圆形

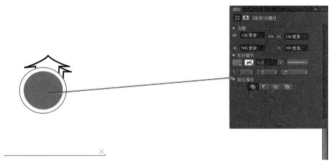

图 4-34 运用椭圆工具绘制一个圆形

图 4-35 导入图片素材，创建剪贴蒙版

（11）运用钢笔工具，绘制出祥云的形状，效果见图4-36、图4-37所示。

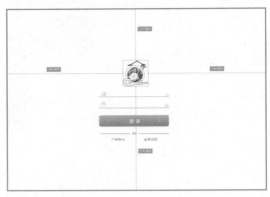

图4-36　绘制出祥云的形状　　　　　　　　图4-37　转换为智能对象

3. 制作乐居APP主菜单界面

乐居APP主菜单界面主要有4个菜单选项，有【智能家居】、【家居安防】、【设置中心】、【我】，图形内容由4个菜单图标以及APP主图标组成，在制作各项菜单图标的时候用到了通过拷贝创建新的智能对象功能，以此保证制作的规范与效率。

（1）选择椭圆工具，绘制一个圆形（图4-38），添加图层样式效果【描边】、【渐变叠加】、【投影】，参数设置见图4-39至图4-41所示。

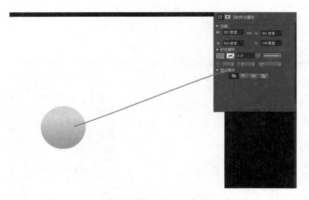

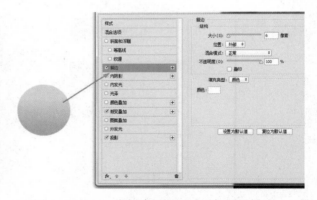

图4-38　选择椭圆工具，绘制一个圆形　　　图4-39　上一步创建圆形图层添加图层样式——描边

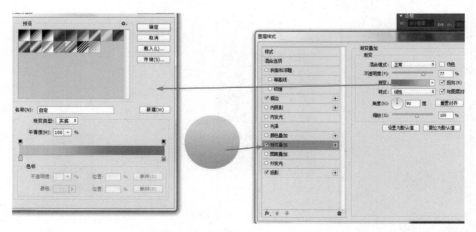

图4-40　上一步创建圆形图层添加图层样式——渐变叠加

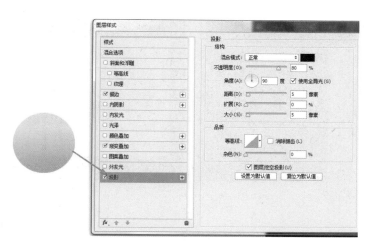

图 4-41　上一步创建圆形图层添加图层样式——投影

（2）选择椭圆工具，绘制一个黑色椭圆，设置形状蒙版羽化值，透明度为 50%，作为阴影效果（图 4-42）。

（3）拷贝之前制作的房子图形，转换为智能对象，调整至合适的位置及大小（图 4-43）。

图 4-42　绘制一个黑色椭圆，调整蒙版羽化值　　　图 4-43　拷贝 Logo 图标中的房子图形

（4）运用钢笔工具，绘制出最上层的祥云图形，注意祥云的造型设计（图 4-44）。

（5）运用文字工具，添加图标文字标题，【乐居智能家】字体参数设置见图 4-45 所示。

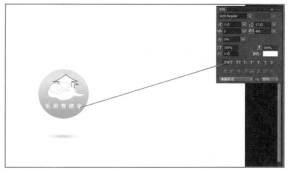

图 4-44　绘制出祥云的形状　　　　　　　　　图 4-45　添加文字

（6）接下来制作菜单图标，选择椭圆工具，绘制一个圆形作为菜单图标基本形状（图 4-46），添加图层样式【描边】、【渐变叠加】、【投影】效果，参数设置见图 4-47 至图 4-49 所示。

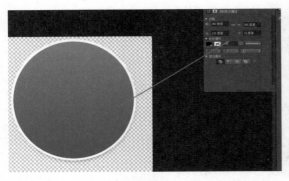 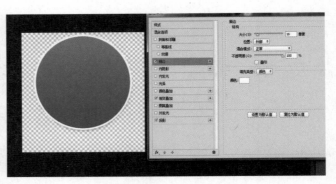

图4-46　绘制一个黑色圆形，添加图层样式　　　　图4-47　圆形图层添加图层样式——描边

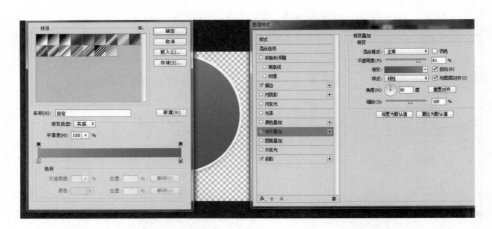

图4-48　圆形图层添加图层样式——渐变叠加

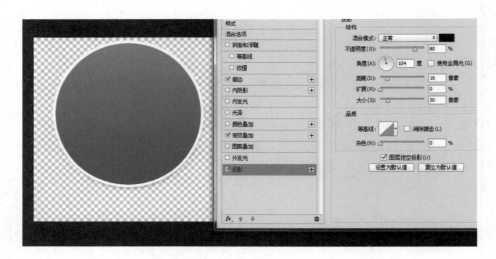

图4-49　圆形图层添加图层样式——投影

（7）选择钢笔工具，绘制一个房子造型图形，绘制效果见图4-50所示。

（8）选择文字工具，输入英文字母【e】，调整合适的字体属性，参数设置见图4-51所示。

（9）选择文字工具，制作出菜单图标下方标题文字【智能家居】，字体属性见图4-52、图4-53所示。

（10）完成智能菜单图标的制作后，可选中所有图层转换为智能对象（图4-54），调整合适的位置及大小，通过拷贝创建新的智能对象，并复制出3个智能对象图层（图4-55）。

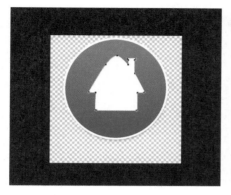

图 4-50 绘制出房子的形状

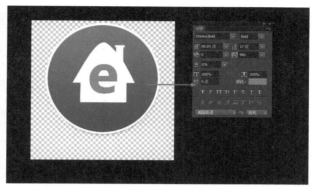

图 4-51 运用文字工具添加文字【e】

图 4-52 输入名称【智能家电】

图 4-53 文字颜色参数

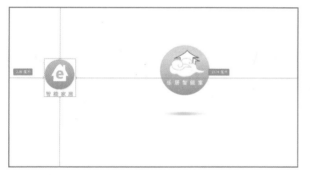

图 4-54 转换为智能对象

图 4-55 通过拷贝创建新的智能对象

(11) 选中第 2 个菜单图标智能对象,双击鼠标进入智能对象编辑模式,选中圆形基本形状图层,修改图层样式【渐变叠加】效果,参数见图 4-56 所示。

(12) 运用钢笔工具,绘制一个盾牌形状,如图 4-57 所示;修改菜单标题名称为【家居安防】(图 4-58)。

(13) 选中第 3 个菜单图标智能对象,双击鼠标进入智能对象编辑模式,选中圆形基本形状图层,修改图层样式【渐变叠加】效果,参数见图 4-59、图 4-60 所示。

(14) 用钢笔工具、椭圆工具绘制一个齿轮的形状,如图 4-61 所示;修改菜单标题名称为【设置中心】(图 4-62)。

(15) 选中第 4 个菜单图标智能对象,双击鼠标进入智能对象编辑模式,选中圆形基本形状图层,修改图层样式【渐变叠加】效果,参数见图 4-63 所示。

图 4-56　进入左侧第 2 个图标菜单

图 4-57　绘制一个盾牌形状

图 4-58　修改菜单名称为【家居安防】

图 4-59　进入第 3 个菜单按钮

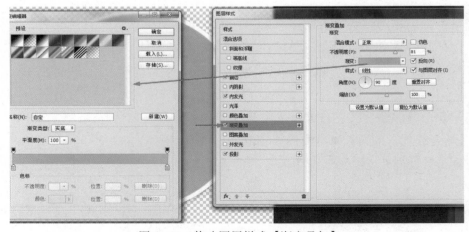

图 4-60　修改图层样式【渐变叠加】

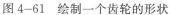
图 4-61 绘制一个齿轮的形状

图 4-62 修改文字名称

图 4-63 修改圆形图层样式【渐变叠加】

（16）用钢笔工具绘制头像形状，如图 4-64 所示；修改菜单标题名称为【我】（图 4-65），完成【主菜单】界面的制作（图 4-66）。

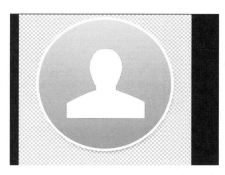
图 4-64 钢笔工具绘制头像形状

图 4-65 修改文字内容

图 4-66 完成图标菜单界面的制作

4. 制作乐居APP【智能家居】子菜单及控制界面

智能家居子菜单及控制界面由3个部分组成，左侧家电菜单选项按钮、中间家电选项控制区域、下方房间设置菜单。主要用到圆角矩形工具、椭圆工具、文字工具来制作，需要注意版式规范以及按钮的选中状态之间的区别。

（1）制作左侧家电选项，选择椭圆工具，绘制一个圆形，通过拷贝图层复制出另外5个；运用文字工具，分别制作出家电各选项名称文字，依次是【窗帘】、【灯光】、【空调】、【电视】、【监控】、【音乐】（图4-67至图4-69）。

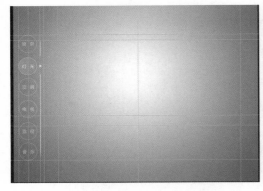
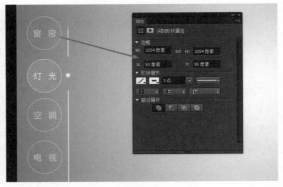

图 4-67　制作界面左侧子菜单按钮　　　　图 4-68　按钮属性设置

（2）选中往下第2个圆形，设置填充颜色，参数设置见图4-70、图4-71所示。

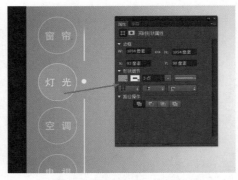

图 4-69　文字属性设置　　　　图 4-70　灯光按钮圆形属性设置

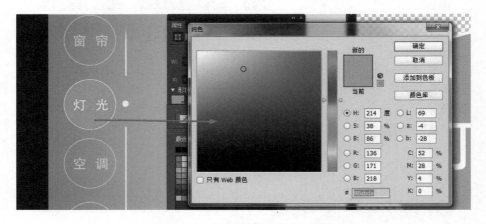

图 4-71　灯光按钮圆形颜色参数

（3）除了【灯光】按钮，将其他按钮透明度调整为 70%，有助于用户区分选项的被选中状态（图 4-72）。

（4）运用椭圆工具与钢笔工具，制作出图标右侧条状滑动按钮，注意形状上下两端渐隐的效果，这样便于菜单按钮的状态显示（图 4-73）。

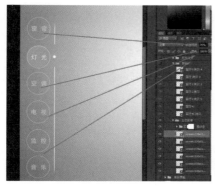

图 4-72　其他按钮透明度调整为 70%　　　　　　图 4-73　圆形属性参数

（5）开始制作中间区域的灯光控制界面，选择圆角矩形工具，绘制出控制界面的主面板形状，参数设置见图 4-74 所示。

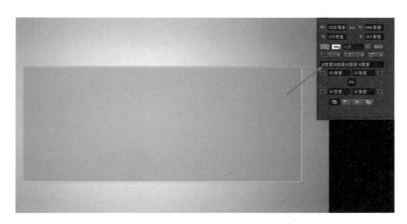

图 4-74　绘制控制面板主界面

（6）选中上一步创建图形，添加图层样式【投影】效果，参数设置见图 4-75 所示。

图 4-75　添加图层样式【投影】

（7）运用椭圆工具、文字工具制作出灯光控制按钮的形状，参数设置见图4-76至图4-80所示，选中灯光控制图标所有图层转换为智能对象，为智能对象图层添加图层样式【投影】，参数设置见图4-81所示。

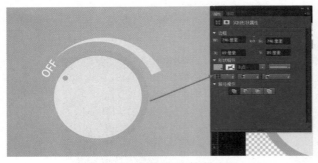 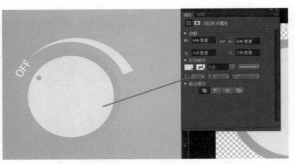

图4-76 绘制灯光控制按钮 　　　　　　　　　图4-77 绘制灯光控制按钮白色圆形

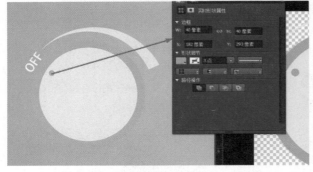 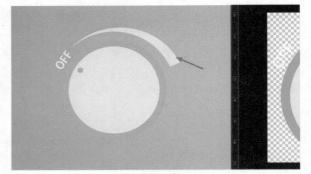

图4-78 运用椭圆工具绘制一个圆形 　　　　　图4-79 绘制旋转按钮的挡位指示形状部分

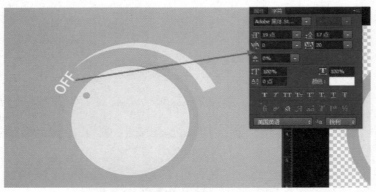

图4-80 添加开关文字

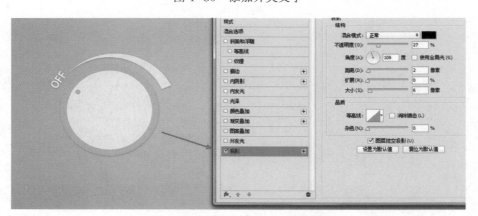

图4-81 添加图层样式【投影】

（8）通过拷贝新建智能对象，复制出另一个控制按钮（图4-82）。

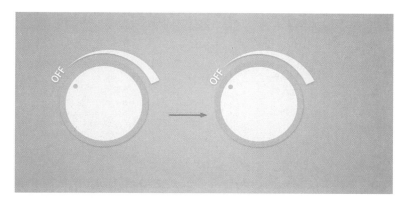

图4-82 复制得到另一个按钮

（9）绘制灯光智能开关按钮，选择圆角矩形工具，绘制一个圆角矩形，作为按钮基本形状，参数设置见图4-83所示。

（10）运用椭圆工具绘制出按钮的形状，参数设置见图4-84、图4-85所示。

图4-83 绘制按钮底部基本形状

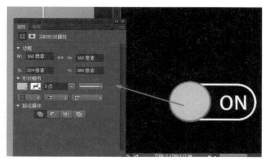

图4-84 再次绘制一个圆形，作为按钮形状

（11）选择文字工具，输入智能开关文字，参数设置见图4-86所示，完成智能开关按钮的制作后转换为智能对象，为其添加图层样式【投影】，参数设置见图4-87所示。

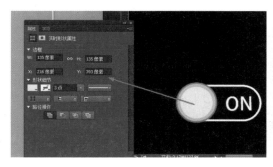

图4-85 绘制一个灰白色圆形

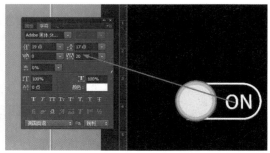

图4-86 添加按钮文字

（12）选择文字工具，制作出各控制按钮的名称，文字属性见图4-88所示。

（13）制作主界面下方房间菜单选项，选择圆角矩形工具，绘制出选项图标的基本形状，运用文字工具，制作出各房间设置的名称，分别为【客厅】、【主卧】、【次卧】、【书房】、【厨房】、【主卫】、【＋】。除了选中状态下的图标，将其他图标按钮透明度设置为60%（图4-89至图4-92）。

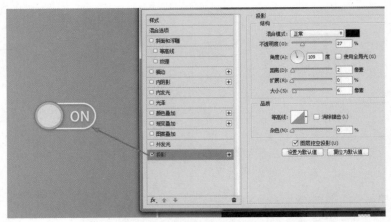

图 4-87　添加图层样式【投影】

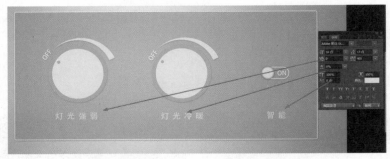

图 4-88　运用文字工具添加各按钮名称

图 4-89　绘制一个圆角矩形

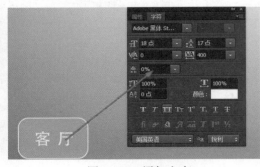

图 4-90　添加文字

图 4-91　复制得到其他房间按钮

图 4-92　制作添加房间按钮

（14）运用椭圆工具与钢笔工具制作一个返回图标（图4-93），完成【智能家居】子菜单及控制界面的制作。

5. 制作乐居APP【家居安防】子菜单及控制界面

（1）选择圆角矩形工具，绘制出左侧主控制面板，参数设置见图4-94、图4-95所示。

（2）选择圆角矩形工具，绘制出左侧子菜单选项图标形状，参数设置见图4-96所示。

（3）运用文字工具制作出左侧菜单选项的文字名称，分别是【布防设置】、【防区设置】、【模式设置】、【智能装置】，参数设置见图4-97所示。

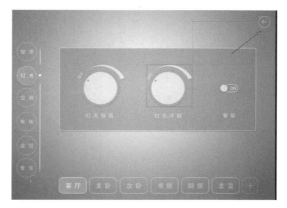

图4-93　绘制一个返回主菜单按钮

图4-94　绘制主界面图形

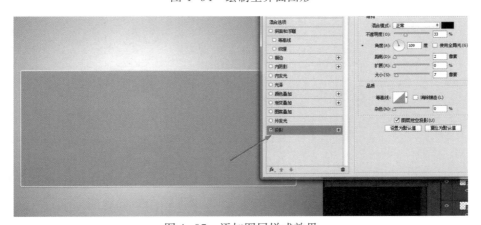

图4-95　添加图层样式效果

图4-96　绘制左侧菜单栏按钮

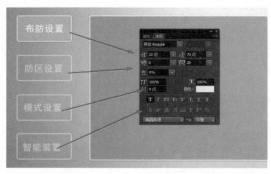

图 4-97　添加文字

（4）选择椭圆工具，绘制出中间控制面板按钮的形状，注意选中按钮与其他按钮的效果区别，参数设置见图 4-98 至图 4-105 所示。

（5）选择矩形工具，对应每个圆形按钮绘制出一个红色矩形，参数设置见图 4-106、图 4-107 所示。

（6）绘制一个返回按钮（图 4-108）。

（7）运用文字工具，创建出对应每个按钮的选项名称，分别是【在家】、【睡眠】、【外出】、【智能】、【解除】，参数设置见图 4-109 所示。

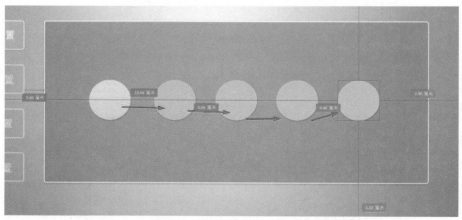

图 4-98　绘制控制按钮

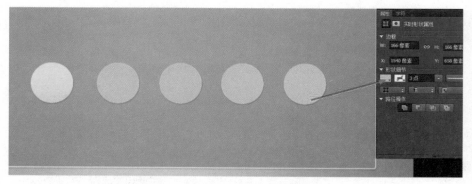

图 4-99　控制按钮参数设置

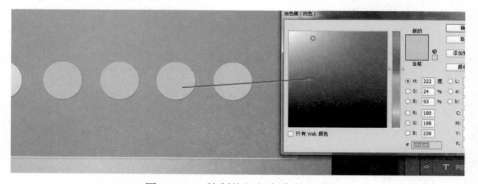

图 4-100　控制按钮颜色参数设置

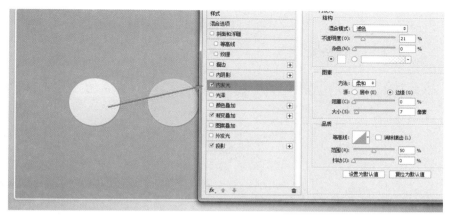

图 4-101　第一个按钮图层样式【内发光】

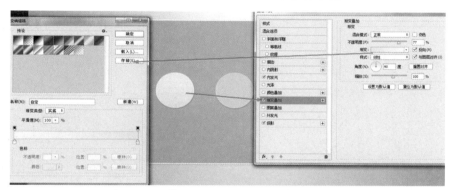

图 4-102　第一个按钮图层样式【渐变叠加】

图 4-103　第一个按钮图层样式【投影】

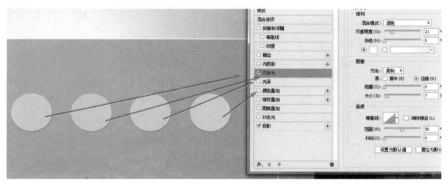

图 4-104　其他按钮添加图层样式【内发光】

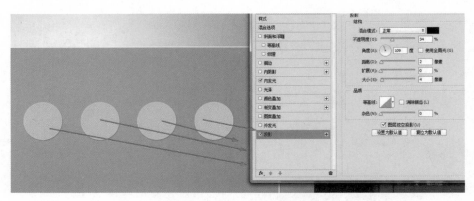

图 4-105　其他按钮添加图层样式【投影】

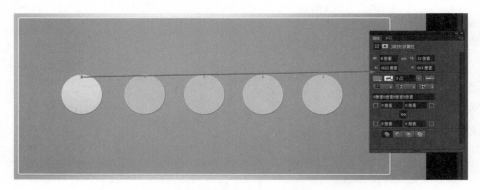

图 4-106　绘制一个红色矩形

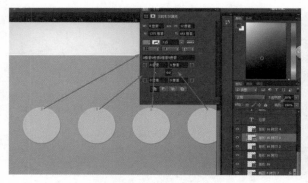

图 4-107　复制出其他四个红色矩形

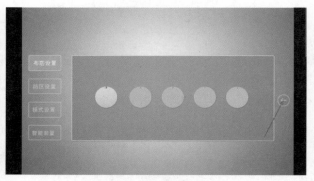

图 4-108　添加一个返回按钮

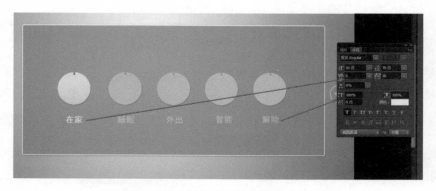

图 4-109　添加按钮选项文字名称

6. 制作乐居APP【我】个人中心界面

（1）导入准备好的图片素材，添加一个智能模糊滤镜效果，参数设置见图 4-110、图 4-111 所示。

图 4-110　导入一张室内图片

图 4-111　添加智能滤镜效果

（2）选择矩形工具，在画布左侧绘制一个白色矩形，透明度为 50%，矩形参数见图 4-112 所示。

（3）选择矩形工具，在白色矩形顶端绘制一个蓝色矩形，参数设置见图 4-113、图 4-114 所示。

图 4-112　绘制一个白色矩形

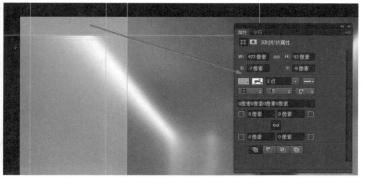

图 4-113　绘制一个蓝色矩形

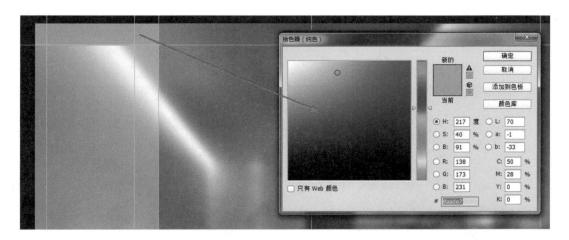

图 4-114　蓝色矩形颜色参数设置

（4）选择文字工具，在蓝色矩形图层上创建一个【我】的文字图层，参数设置见图 4-115 所示。

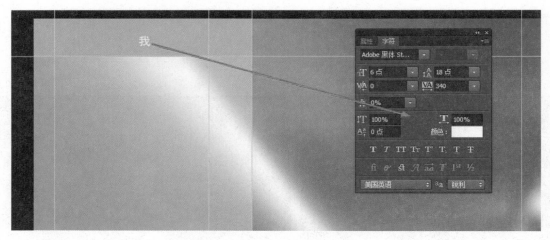

图 4-115 添加文字

（5）运用矩形工具，绘制出 6 个子菜单选项形状图层，透明度设置为 55%，矩形参数见图 4-116、力图 4-117 所示。

 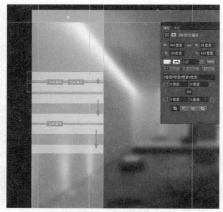

图 4-116 绘制一个白色矩形　　　　　　　图 4-117 复制得到另外 5 个图形

（6）运用椭圆工具、图片素材、文字工具，绘制出用户头像图标，各参数设置见图 4-118 至图 4-121 所示。

（7）运用钢笔工具，依次制作出子菜单选项对应图标，效果设置见图 4-122 所示。

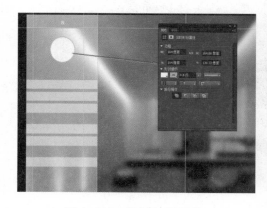 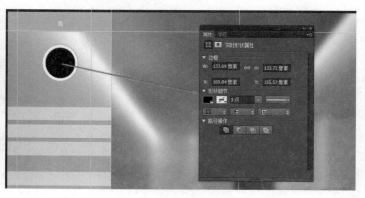

图 4-118 绘制一个圆形　　　　　　　　图 4-119 绘制一个黑色圆形

图 4-120 导入图片素材，创建剪贴蒙版

图 4-121 制作出用户名称文字

图 4-122 制作各项菜单图标

（8）运用文字工具，制作出子菜单选项文字：【我的家】、【场景设置】、【设备中心】、【消息中心】、【反馈建议】、【退出登录】6 个选项，字体属性见图 4-123 所示。

（9）在画布底部添加一个返回按钮，完成个人中心界面的绘制（图 4-124）。

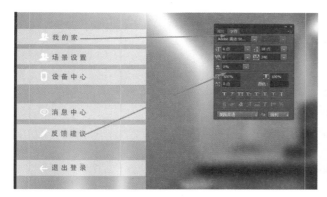

图 4-123 添加各项菜单文字

图 4-124 添加一个返回按钮，完成制作

本章小·结

本章设计制作了移动端两个 UI 界面设计案例，分别是手机主题界面设计与智能家居 APP 界面设计。从前期制作思路、设计规格以及设计制作步骤都进行了明确的讲解，重点在于明确制作思路，掌握内容信息构架，进而有效合理地设计每一个内容界面；难点在于视觉设计规范以及 UI 界面设计中用户体验的把握。本章案例运用了 Photoshop CC 中形状工具、钢笔工具、文字工具、图层样式功能、图层蒙版功能以及参考线的运用等来完成案例制作。通过本章案例学习，可初步掌握 PC 端 UI 界面设计的基本能力，进阶还需进行大量的案例制作以及相关书籍的阅读学习。

◆ 知识拓展

1. 移动端 UI 界面设计基本原则

由于操作方式、使用环境以及运行平台的异同，移动端 UI 界面设计的基本原则在 PC 端基本原则的基础上多了一些其特有的要求。

（1）保持简洁精确的设计原则；

（2）美学设计原则；

（3）一致性原则；

（4）功能性和可用性原则；

（5）易用性原则；

（6）以用户为主导原则；

（7）考虑方向性；

（8）确保触摸点适合指尖大小；

（9）操控便捷。

2. 移动端 UI 与 PC 端 UI 的区别

（1）屏幕尺寸的区别

尽管近年来移动端设备不断变大，PC 端的屏幕尺寸整体都大于移动端屏幕尺寸。这就决定了两者之间的用户使用视觉范围以及界面设计可用空间的不同，PC 端的可设计空间更大，设计性相对较强，容错度也相对大一些，而移动端就需要在极其有限的尺寸范围内来进行多项设计，要求更加精准，注重每一个细节。

（2）操作方式的区别

鼠标的操作方式相对单一，只有滑动、左击、右击、双击、滚轮操作。而移动端则包括了手机操作的滑动、点击、双击、多点放大、多点缩小、按压力度、语音操控等，更多的可操控性增加了设计的交互性与趣味性。

（3）网络环境的区别

就目前而言，PC 端网络环境相对稳定，而移动端的无线网络环境则相对不稳定。这就决定了移动端 UI 设计需要考虑更多的轻量化设计。

（4）传感器的区别

PC 端传感器受局限，而移动端的传感器相对完善，移动端的压力、重力、方向、GPS、指纹、语音、3Dtouch、陀螺仪、计步等都是 PC 端望尘莫及的，这样一来就给移动端 UI 设计带来了更大的可能性，更多的互动产品将给我们的生活增添许多新的乐趣。

（5）使用场景与使用时长的差异

PC 端使用场景较为固定，使用时间具有一定的阶段性与规律，而移动端则是随时随地都可以，更加倾向于碎片化、快餐式的，使用灵活。

（6）软件迭代周期与更新频次

移动端设备的自身特点，决定了依托于设备平台的各应用软件必须通过更短的迭代周期以及更多的更新频次来不断延长软件寿命，同时维持与吸引更多的用户从而获得更大的利润。不过过于频繁的更新也会给用户带来很不好的体验。

（7）续航时长的差异

PC 端基本上都是通过电源线来供电，而移动端则是依靠设备自带蓄电装置来供电，虽然有很多移动电源设备，但是移动端的续航时长还是科学家目前致力解决的问题。

◆ 课后实践任务

1. 按照 UI 设计流程及规范并运用 Photoshop CC 来设计制作一款个人手机主题界面，包括主题图标设计、锁屏界面、解锁样式、主界面，主题图标不少于 24 个。

作业说明：手机主题界面风格不限，可选择优秀案例进行临摹制作，也可以自主设计制作。

制作过程注意设计规范。尺寸规范包括主界面：750px×1334px，图标：120px×120px，圆角：22px。

交件形式：制作完成的电脑稿件，包括输出的 JPEG 格式文件和 PSD 格式文件。

2. 按照 UI 设计流程及规范并运用 Photoshop CC 设计制作一款虚拟化远程宠物智能喂食 APP 界面，内容构架自行设定，要求通过 APP 界面操控实现宠物视频、喂食、通话、智能逗宠物等功能。

作业说明：界面设计风格不限，运行平台以移动端为主，尺寸规格可在移动端设备自行选择。

交件形式：制作完成的电脑稿件，包括输出的 JPEG 格式文件和 PSD 文件。

5

第五章　UI界面设计作品分享

第一节　控件设计作品（图5-1至图5-11）

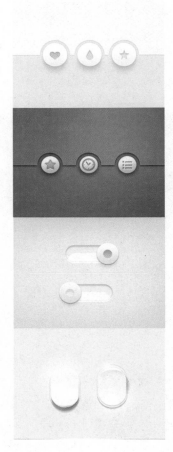

图5-1　控件设计优秀作品分享

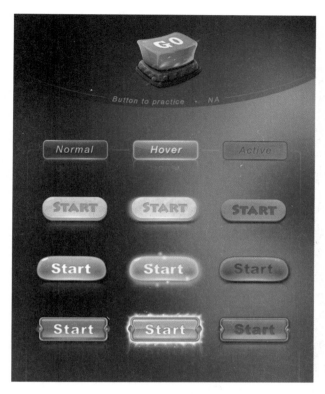

图 5-2　控件设计优秀作品分享

图 5-3　控件设计优秀作品分享

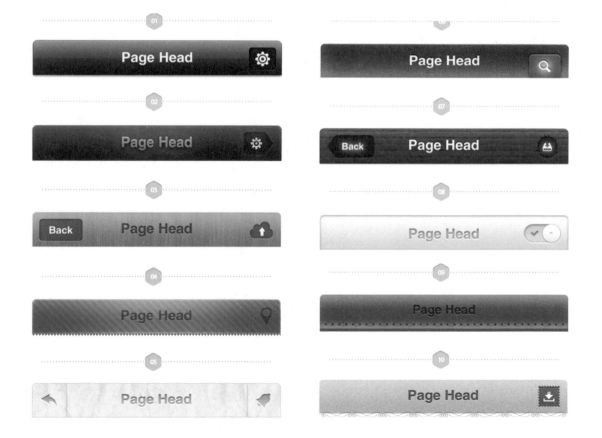

图 5-4　控件设计优秀作品分享

图 5-5　控件设计优秀作品分享

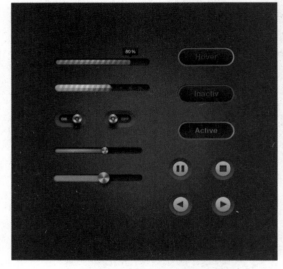

图 5-6　控件设计优秀作品分享

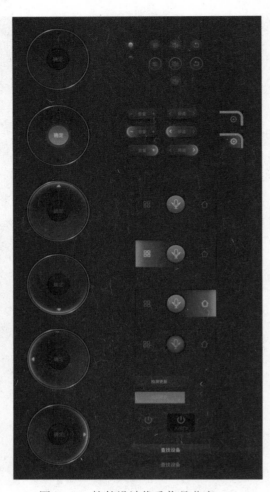

图 5-7　控件设计优秀作品分享

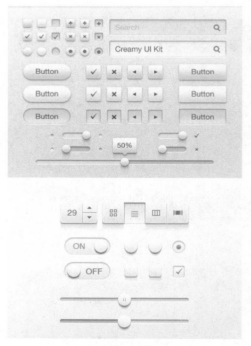

图 5-8　控件设计优秀作品分享

图 5-9　控件设计优秀作品分享

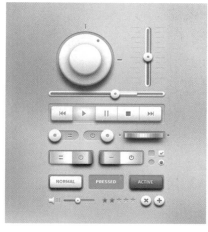

图 5 - 10　控件设计优秀作品分享

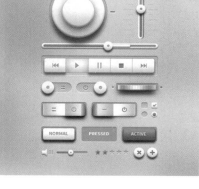

图 5 - 11　控件设计优秀作品分享

第二节　图标设计作品（图 5 - 12 至图 5 - 20）

图 5 - 12　图标设计优秀作品分享

图5-13 图标设计优秀作品分享　　图5-14 图标设计优秀作品分享　图5-15 图标设计优秀作品分享

图5-17 图标设计优秀作品分享

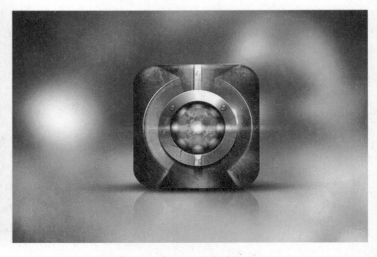

图5-16 图标设计优秀作品分享　　　　图5-18 图标设计优秀作品分享

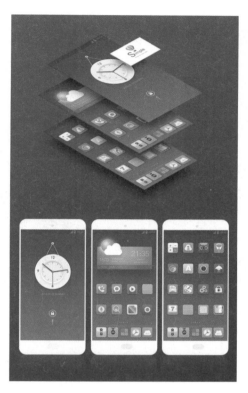

图5-19　图标设计优秀作品分享

图5-20　图标设计优秀作品分享

第三节　手机界面设计作品（图5-21至图5-42）

图5-21　手机应用界面设计作品

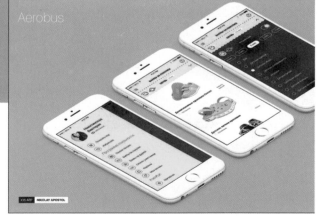

图5-22　手机应用界面设计作品

图 5-23 手机应用界面设计作品

图 5-24 手机应用界面设计作品

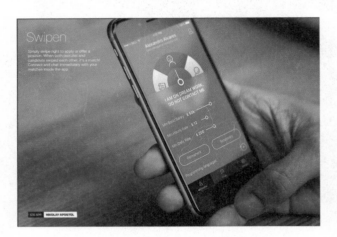

图 5-25 手机应用界面设计作品

图 5-26 手机应用界面设计作品

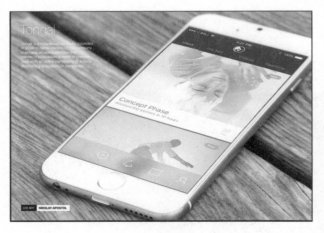

图 5-27 手机应用界面设计作品

图 5-28 手机应用界面设计作品

图 5－30　手机应用界面设计作品

图 5－29　手机应用界面设计作品

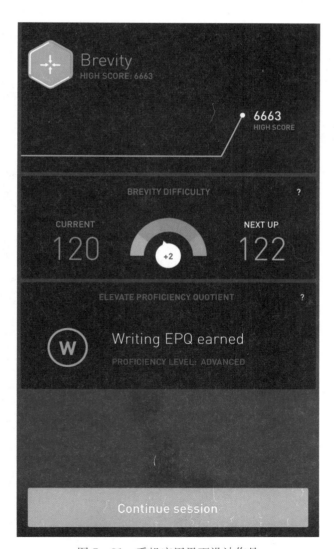

图 5－31　手机应用界面设计作品

图 5－32　手机应用界面设计作品

图 5-33　手机应用界面设计作品

图 5-34　手机应用界面设计作品

图 5-35　手机应用界面设计作品

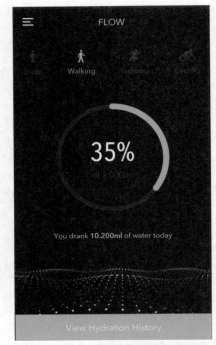

图 5-36　手机应用界面设计作品

图 5-37　手机应用界面设计作品

图 5-38 手机应用界面设计作品

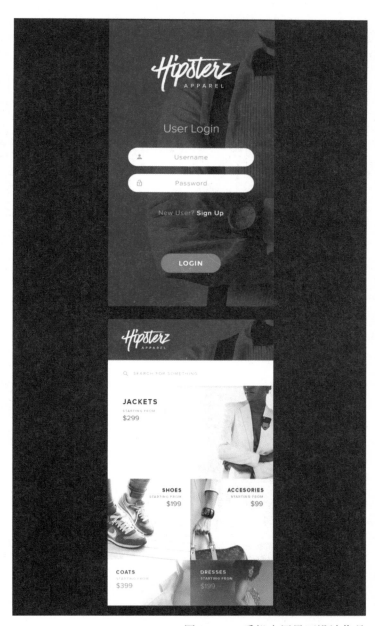

图 5-40 手机应用界面设计作品

图 5-39 手机应用界面设计作品

图 5-41　手机应用界面设计作品

图 5-42　手机应用界面设计作品

第四节　平板界面设计作品（图 5 - 43 至图 5 - 56）

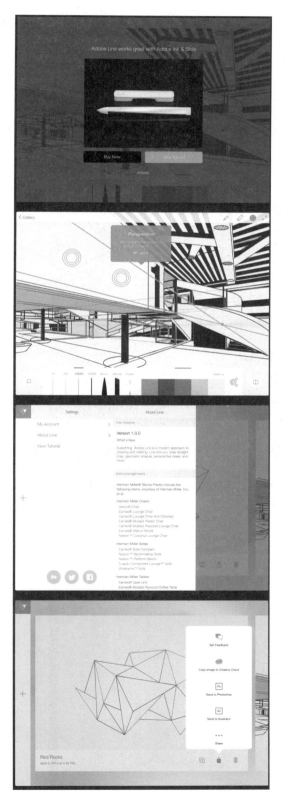

图 5-43　平板应用界面设计作品

图 5-44　平板应用界面设计作品

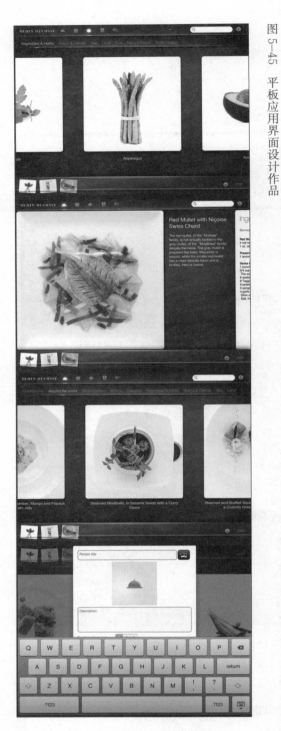

图 5—45 平板应用界面设计作品

图 5—46 平板应用界面设计作品

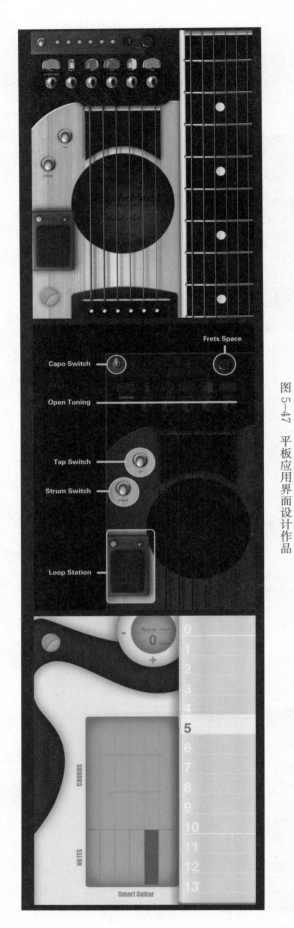

图 5—47 平板应用界面设计作品

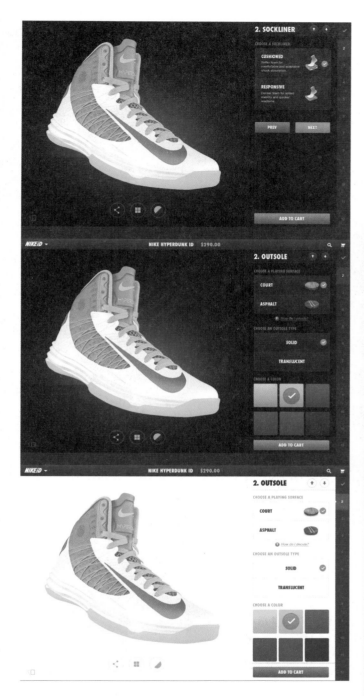

图 5-48　平板应用界面设计作品

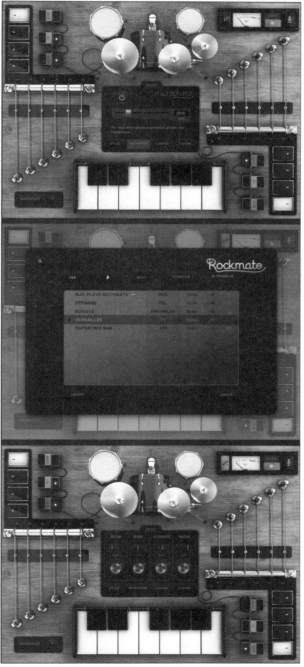

图 5-49　平板应用界面设计作品

图 5-50　平板应用界面设计作品系列一

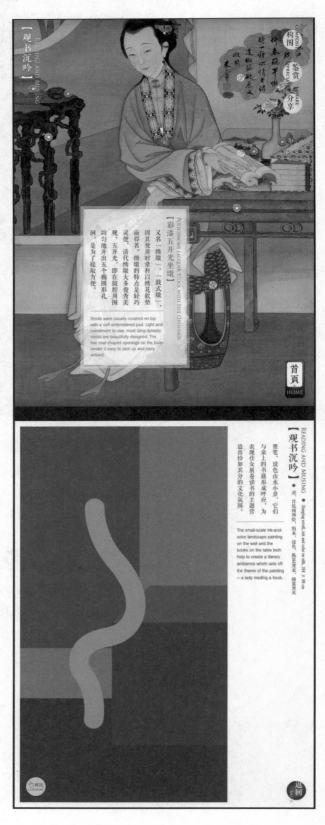

图 5-51　平板应用界面设计作品系列一

图 5-52　平板应用界面设计作品系列二

图 5-53　平板应用界面设计作品系列二

图 5-54　平板应用界面设计作品系列三

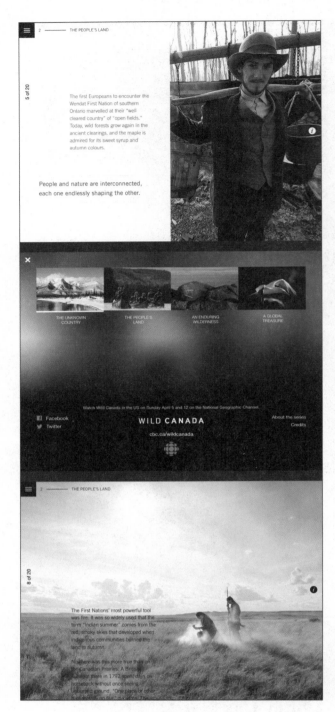

图 5-55　平板应用界面设计优秀作品系列三

图 5-56　平板应用界面设计优秀作品系列三

第五节 智能手表界面设计作品 (图 5 - 57 至图 5 - 65)

图 5-58 智能手表界面设计作品系列一

图 5-57 智能手表界面设计作品系列一

图 5-59 智能手表界面设计作品系列一

图 5-60　智能手表界面设计作品系列一

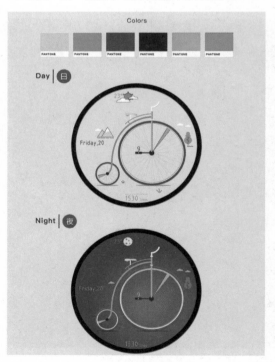

图 5-61　智能手表界面设计作品系列二

图 5-62　智能手表界面设计作品系列二

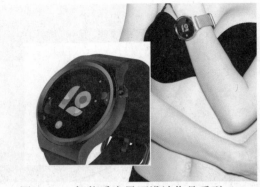

图 5-63　智能手表界面设计作品系列三

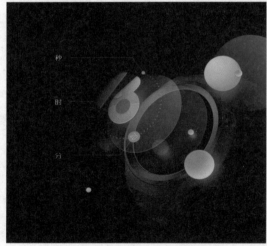

图 5-64　智能手表界面设计作品系列三

图 5-65　智能手表界面设计作品系列三

第六节　网页界面设计作品（图 5-66 至图 5-73）

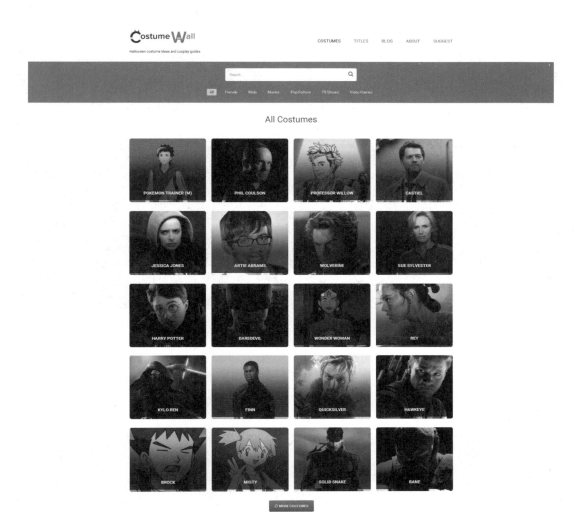

图 5-66　CostumeWall：荧屏服装分享网

189

图 5-67　Cat Shit On：日本猫屎一号动漫网

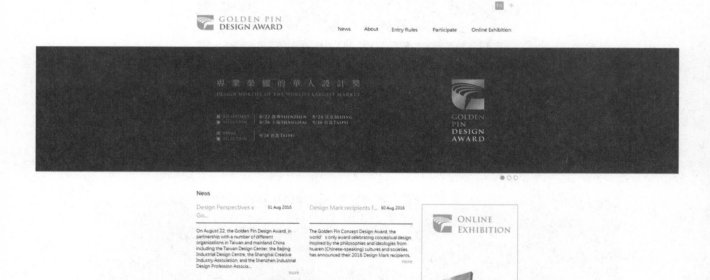

图 5-68　金点设计奖

图 5-69　亚洲最具影响力设计奖

图 5—70　NativeFox：詹妮弗格雷斯时尚网

图 5—71　NativeFox：詹妮弗格雷斯时尚网

图 5-72 MyDesy：淘灵感视觉艺术网

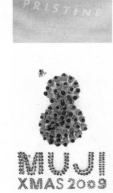

图 5-73　日本设计中心公司

第七节　H5 界面设计作品

奥迪：一封来自未来世界
的邀请函

得力文具+京东商城：
魔性 H5

东风标致+腾讯体育联合营销：
掌上奥运会

方太：谁说这是偷看洗澡？
这是严肃的学术研究！

腾讯新闻：同样的金牌，
不一样的信念

参 考 文 献

［1］大卫·伍德. 国际经典设计教程：界面设计. 孔祥富，译. 北京：电子工业出版社，2015.

［2］拉杰·拉尔. UI设计黄金法则——触动人心的100种用户界面. 王军锋，高弋涵，饶锦锋，译. 北京：中国青年出版社，2014.

［3］约翰逊著. 认知与设计：理解UI设计准则. 张一宁，王军锋，译. 北京：人民邮电出版社，2014.

［4］Art eyes设计工作室. 创意UI：Photoshop玩转移动UI设计. 北京：人民邮电出版社，2015.

［5］张小玲，张莉. UI界面设计. 北京：电子工业出版社，2014.

［6］原田秀司. 多设备时代的UI设计法则：打造完美体验的用户界面. 付美平，译. 北京：中国青年出版社，2016.

［7］任然，陈甫. UI设计——从图标到界面完美解析. 重庆：重庆大学出版社，2016.

［8］度木图书. UI设计观点：全球50位顶级UI设计师访谈与项目解析. 北京：人民邮电出版社，2016.

◆ 图片出处说明

本书第一章与第二章、第五章收录配图（设计作品、图片素材）均来自互联网公众平台，其版权均归原作者及相关网站所有，本书在收集相关作品时力求保存原有的版权信息，但由于诸多缘由，可能导致无法确定其真实来源，请原作者原谅！以下是相关配图来源：

黄蜂网：http：//woofeng．cn/

UI 中国：http：//www．ui．cn/

界面分享：http：//www．pplock．com/interface－design/interface

花瓣网：http：//huaban．com/

百度图库：https：//baidu．cn/

Pinterest：https：//pinterest．cn/

本书分享的相关设计作品仅用于学生学习参考和资源分享，版权均归原作者所有，有部分配图未能标出的，希望作者能谅解！如归属存有异议，请立即联系我们，情况属实，我们会第一时间予以处理，并同时向您表示歉意！

后 记

衷心感谢赵文教授的支持与帮助，编写过程中给予了诸多宝贵建议。

其次，要感谢设计师郭万、向梦飘、沈于涵对本书编写提供了最前沿的行业动态与相关设计技能，感谢他们的支持。

本书适用于UI界面设计的初级、中级学习者，内容侧重于UI设计工作中界面设计部分，通过理论讲解并结合相关案例制作来帮助读者掌握UI界面设计的基础知识以及实际案例的制作技能。

希望本书能给读者带来较好的学习体验，为即将从事UI设计工作的人起到一个良性引导作用。由于编者学识与编书经验尚浅，书中难免会有疏漏与不足之处，还望大家谅解并指正。